普通高等教育教材

科技论文快速入门

——从文献检索到论文写作发表

陈 结 主 编
尚雪义 冯国瑞 副主编

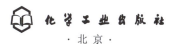

·北京·

内容简介

《科技论文快速入门——从文献检索到论文写作发表》主要包含两个板块，即"文献检索"和"科技论文写作"。"文献检索"板块主要指导读者如何利用中、英文数据库进行有效的文献检索、管理和阅读；"科技论文写作"板块则是指导读者如何进行科研绘图、排版、论文写作、投稿发表以及参加学术会议。本书采用了大量思维导图、归纳总结、操作图解、案例等辅以说明，内容丰富，可读性好。本书编写方针是：力求处理好实用性和趣味性的关系，处理好教材内容取舍和学生能力获取之间相匹配的关系，处理好"文献检索"与"科技论文写作"前后呼应、有机耦合的关系。

本教材可以作为矿业、安全和石油等相关专业"文献检索""学术规范与科技论文写作""科技论文写作与实践"等课程的参考教材，亦可作为在校师生、社会工作人士的辅助工具书，甚至是部分中学生的高级科普读物。

图书在版编目（CIP）数据

科技论文快速入门：从文献检索到论文写作发表 / 陈结主编；尚雪义，冯国瑞副主编. -- 北京：化学工业出版社，2024.9. --（普通高等教育教材）.
ISBN 978-7-122-46282-4

Ⅰ. G301
中国国家版本馆CIP数据核字第2024JR5691号

责任编辑：徐雅妮　　　　　　文字编辑：胡艺艺
责任校对：李露洁　　　　　　装帧设计：王晓宇

出版发行：化学工业出版社
　　　　　（北京市东城区青年湖南街13号　邮政编码100011）
印　　刷：北京云浩印刷有限责任公司
装　　订：三河市振勇印装有限公司

710mm×1000mm　1/16　印张10　字数165千字
2025年1月北京第1版第1次印刷

购书咨询：010-64518888　　　　售后服务：010-64518899
网　　址：http://www.cip.com.cn
凡购买本书，如有缺损质量问题，本社销售中心负责调换。

定　　价：49.00元　　　　　　　　　　版权所有　违者必究

前 言

在一流大学应以培养杰出人才为己任的背景下,许多高校都开始尝试让学生早进实验室、早进课题组、早进科研团队。但实际上,笔者在长期培养学生的过程中发现,以矿业工程、土木工程等为代表的传统工科专业,更多注重与现场应用有关的专业知识,学生在步入对理论要求更为扎实广泛的科学研究时,往往面临着无从着手的情况,甚至对文献查找专业数据库途径所知甚少,科技论文如何选题、阅读和写作更是无从谈起。这不禁让笔者回想起十多年前自己求学时,电子设备和网络资源远没有现在发达,从文献检索到论文写作发表每个步骤都需要自己去品味、处理和总结,有时候并不复杂的问题都得去图书馆借阅有关书籍来学习,这些书籍不仅文字多,专业描述也多,要是碰到重庆的夏天,在闷热的实验室里不仅要写论文、绘图,有时还得翻查这些"巨"著,真真是"满心无名火,一把辛酸泪"。

如今,网络发展日新月异,各种学习资源层出不穷,同学们无论是想解决专业问题还是技能问题都不乏途径,但科技论文写作相关教程涉及面广阔,往往内容宽泛、概念繁杂,并不像中学作文那样单纯,故仍需要一定引导才能更快入门。因为自己"淋过雨",所以笔者希望能为学生们"撑把伞"。笔者曾在学院的研究生群体中领衔开设了一门"学术规范与论文写作"课程,但采用的有关书籍让老师讲解困难不说,学生也囫囵吞枣、难以消化,与课程目标相比收效甚微,难以达到真正培养拔尖创新人才的效果。

因此,笔者认为确有必要铸新淘旧,撰写一本不同于以往的此类工具书。丰富的一线教学经验促使笔者在教材编写时,力求处理好实用性和趣味性的关系,处理好教材内容取舍和学生能力获取之间相匹配的关系,处理好"文献检索"与"科技论文写作"前后呼应、有机耦合的关系。用通俗的话来讲，就是"愿意读""能读懂""读得通"。总的来看，本书从学生的角度出发推陈出新：首先，通过简练的文字、详细的图解、丰富的案例展开每个章节的学习；其次，强调学生"文献检索"与"科技论文写作"能力的同步培养，多阅读优质文献才能"文思如泉涌"，科技论文写作时方可"下笔如有神"；最后，不再将细枝末节一网打尽，而是鼓励学生通过学习书中的要点和案例，通过实际操练去摸索总结出适合自己的科研习惯，所谓"授人以鱼，不如授人以渔"。

无论如何，作为一名教书育人的研究生导师，笔者衷心希望各位同学能在妙趣横生的科研世界里"春风得意马蹄疾"，更希望本书能"扶君上马，再送一程"，让各位同学尽早地进入科研工作的队伍当中，为实现"两个一百年"奋斗目标点亮属于你们的青春光芒！

本书由重庆大学技术转移研究院院长陈结教授主编，重庆大学资源与安全学院科学研究创新中心主任尚雪义副教授、山西能源学院院长冯国瑞教授参与编写。本书编写过程中，还参考了同行的论文和著作，在此对作者们表示感谢！同时，编写团队的硕士生刘凌豪、罗忠浩、黄慧琼、童珏、吴哲理、陈勇以及博士生陈紫阳和青年教师蒋函等，为本书的资料收集、绘图、排版及校核工作付出了大量的时间和精力，在此一并表示衷心的感谢！

最后，笔者倾尽心力编撰此书，谨希望能为矿业、安全和石油等行业院校的课程建设做出一点贡献，为在校师生与矿业、安全和石油的从业者提供一些帮助。然笔者水平终究有限，书中疏漏之处在所难免，敬请各位同仁和读者不吝批评、斧正！

编 者

2024 年 5 月

目 录

第 1 章 绪论   1
1.1 走进科技论文   1
    1.1.1 科技论文身边事   1
    1.1.2 科技论文发表意义   2
1.2 科技论文写作风格   3
1.3 科技论文分类及结构   4
    1.3.1 科技论文分类   4
    1.3.2 科技论文结构   5
1.4 本书特点与学习框架   6
    1.4.1 本书特点   6
    1.4.2 本书学习框架   6
思考题   7

第 2 章 文献检索基础知识   8
2.1 文献检索学习的必要性   9
2.2 文献检索技巧   11
    2.2.1 基本检索   11
    2.2.2 高级检索   11
2.3 文献检索方法   13
2.4 文献检索步骤   14
2.5 文献检索效果评价   16
2.6 文献常见获取途径   17
思考题   18

第 3 章 中文文献检索数据库   19
3.1 选择检索数据库   19
3.2 拟定检索式   21

3.3	中国知网检索结果	22
3.4	中国知网拓展功能	23
	3.4.1 文献批量下载与导出	23
	3.4.2 文献可视化分析	24
思考题		28

第 4 章　英文文献检索数据库　29

4.1	Elsevier 网络信息服务平台	29
	4.1.1　Elsevier 简介	29
	4.1.2　Scopus 与 ScienceDirect 对比	30
	4.1.3　Scopus 数据库使用	31
	4.1.4　ScienceDirect 数据库使用	35
4.2	Web of Science	37
	4.2.1　WOS 基本使用	37
	4.2.2　WOS ESI 简介	41
	4.2.3　WOS ESI 基本使用	42
4.3	主要出版模式	43
	4.3.1　开放获取模式	43
	4.3.2　订阅出版模式	46
	4.3.3　混合出版模式	46
	4.3.4　三种出版模式对比	47
思考题		47

第 5 章　文献管理　48

5.1	为什么要进行文献管理	48
5.2	文献管理软件	49
	5.2.1　文献管理软件比较	49
	5.2.2　文献管理软件实践——NoteExpress	50
	5.2.3　文献管理软件实践——Zotero	57
思考题		62

第 6 章　文献阅读　63

6.1	文献初选技巧	63
6.2	文献阅读技巧	64

6.3　阅读案例	68
思考题	70

第 7 章　科技论文作图与排版　　71

7.1　图片要素及基本要求	72
7.2　图片分类	72
7.2.1　按图片功能分类	72
7.2.2　按图片格式分类	77
7.3　投稿图片要求	79
7.4　常用作图软件	80
7.5　Origin 的使用	83
7.5.1　Origin 简介	83
7.5.2　Origin 曲线图形操作示例	83
7.5.3　Origin 气泡图操作示例	85
7.6　科技论文排版	89
7.6.1　排版重要性	89
7.6.2　排版基本要求	89
7.6.3　排版实用技巧	91
思考题	96

第 8 章　科技论文写作方法　　97

8.1　科技论文写作思路	97
8.1.1　研究课题初选	98
8.1.2　高质量论文模仿	99
8.1.3　写作经验交流	100
8.2　研究型论文写作方法	100
8.2.1　实验型论文结构	101
8.2.2　写作顺序	102
8.2.3　各部分写作方法	104
8.3　综述型论文写作方法	119
8.3.1　综述型论文结构	119
8.3.2　写作思路	120
8.3.3　各部分写作方法	121
思考题	123

第 9 章　科技论文投稿与发表　　124

9.1　投稿准备　　124
- 9.1.1　期刊分类　　125
- 9.1.2　期刊选择　　126
- 9.1.3　期刊查询网站　　128
- 9.1.4　稿件整理　　129

9.2　投稿流程　　131
- 9.2.1　国内期刊投稿流程　　132
- 9.2.2　国外期刊投稿流程　　133

9.3　论文评审与修改　　135
- 9.3.1　初审阶段　　136
- 9.3.2　外审阶段　　136

9.4　论文发表　　138

思考题　　140

第 10 章　学术会议　　141

10.1　学术会议论文投稿　　141
- 10.1.1　会议信息查询　　142
- 10.1.2　会议摘要与论文写作及投递　　142

10.2　学术海报制作　　144
- 10.2.1　学术海报主要内容　　144
- 10.2.2　学术海报版面设计　　144
- 10.2.3　学术海报制作技巧　　145

10.3　学术会议 PPT 制作　　146
- 10.3.1　PPT 基本框架　　146
- 10.3.2　PPT 制作建议　　146

10.4　学术汇报　　149
- 10.4.1　准备工作　　149
- 10.4.2　汇报建议　　150

思考题　　150

电子版附录　　151

参考文献　　152

第1章

绪 论

列宁曾说"科学的宗旨就是提供宇宙的真正写真",而科技论文是"真正写真"的重要载体之一。本章以走进科技论文为主题,主要讲述什么是科技论文、科技论文的结构以及科技论文如何分类,并给出本书学习框架。

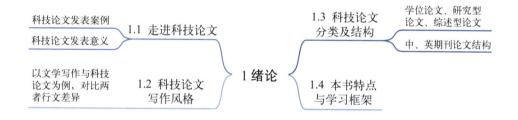

1.1 走进科技论文

1.1.1 科技论文身边事

本科生和初入学研究生对科技论文发表通常比较迷茫。然而,我们时常听到类似下面的新闻:一些本科生成功发表论文并获得保研资格,一些研究生发表高质量论文并出国深造。

案例1:重庆大学资源与安全学院2017级一名本科生以第一作者发表SCI论文,并通过学生综合测评成绩加分获得重庆大学保研资格。

案例2：中国石油大学（华东）石油工程学院2019级一名博士研究生以第一作者在 SPE Journal 等期刊发表高水平论文10篇，成功申请国家留学基金管理委员会联合培养博士资助。

可见，科技论文发表与大家并不遥远。通过本书的学习，读者能够快速掌握文献检索、文献管理、论文绘图等相关知识，熟悉文献阅读、科技论文写作与发表等的有效方法，帮助大家找到研究课题，并扫清科技论文写作的基础障碍。

1.1.2 科技论文发表意义

科技论文将科学研究成果以书面形式表达，其通过概念、判断、推理、证明等手段揭示自然现象的本质，并阐明科学问题。

我国著名化学家卢嘉锡曾说："一个只会创造不会表达的人，不算一个真正的科技工作者。"在学术界广泛流传着经典语录"Publish or Perish"，如果没有论文作为载体来记录和保存研究成果，随着时间的推移，科学技术将会逐渐失去积累和沉淀，社会发展将受到限制。具体地，科技论文发表在个体层面（图1.1）和社会层面（图1.2）的作用如下。

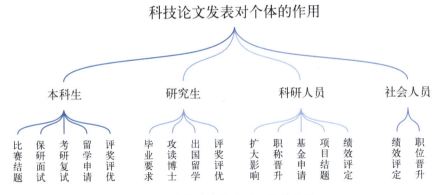

图1.1 科技论文发表对个体的作用

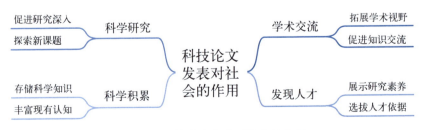

图1.2 科技论文发表对社会的作用

个体层面：①对本科生而言，科技论文的发表是个人科研能力的强有力证据，在研究生推免、考研复试、留学申请以及找工作等方面都能增加录用概率；②对研究生而言，论文发表是大多数学校研究生毕业的基本要求之一，同时科技论文也能用于评奖评优、出国申请等；③对科研人员而言，论文的发表将直接关系到职称晋升、项目申报和绩效等；④对社会人员而言，论文发表也能在职位晋升、绩效考评等方面起到帮助。

社会层面：①对科学研究而言，科技论文的发表是科学研究成果的重要体现；②对科学积累而言，科技论文的发表可以积累科学知识，为后续的研究提供数据和理论等支撑；③对学术交流而言，科技论文的发表可以促进不同领域、不同国家和地区之间的学术共享、创新与合作；④对发现人才而言，科技论文的发表可以让人们了解到研究者的研究领域和成果重要性，从而寻找到合适的人才。**总之，科技论文的发表是推动知识进步和社会发展的重要手段之一。**

1.2 科技论文写作风格

相信大家对高考作文和文学写作有良好的认识，然而科技论文写作与高考作文和文学写作风格大不相同，例如下面两篇文章对煤的介绍。

- 文章1：凿开混沌得乌金，藏蓄阳和意最深。爝火燃回春浩浩，洪炉照破夜沉沉。鼎彝元赖生成力，铁石犹存死后心。但愿苍生俱饱暖，不辞辛苦出山林。

——明代于谦《咏煤炭》

- 文章2：灰分含量越大，煤样低温氧化阶段温升速率越小，温升加速点温度越高，煤样的自发氧化过程越慢，煤越不易自燃；灰分含量大于40%后，煤自燃倾向性快速减弱。

——李林等《灰分对煤自燃特性影响的实验研究》

《咏煤炭》描写了煤炭的开掘过程及其蕴藏巨大热量的特征，同时也用借物言理的手法，歌颂了煤燃烧自我、温暖他人的崇高品质。而《灰分对煤自燃特性影响的实验研究》却是用朴实客观的陈述句，叙述不同灰分含量对煤自燃特性的影响。**可以看出，诗词等文学作品常用华丽的辞藻表达作者内心的真情实感，而期刊论文则用科学、严谨、明确的语句，传递事物本质的特征。**因此，撰写科技论文需要使用科学、规范的表达方式，以准确阐明研究内容和结论。

1.3 科技论文分类及结构

1.3.1 科技论文分类

与高考作文分为记叙文、议论文等类似，科技论文也有不同分类，主要可分为：学位论文、研究型论文、综述型论文。

（1）学位论文

学位论文是指学生为了取得学位而撰写的研究报告或科学论文，通常分为学士论文、硕士论文和博士论文，各类型学位论文的常见特点见表1.1。

表1.1 各类型学位论文的常见特点

类型	简述	时间	篇幅	创新性	内容深度
学士论文	通常对某个课题进行调查研究，重点在于对课题的理解和掌握程度	大四第二学期	0.5万~1万字	一般不做要求	内容简单
硕士论文	考察硕士研究生的科研能力，要求其能够深入掌握所研究领域的知识，并能开展系统的研究	研二至毕业	2万~3万字	有一定创新	结构完整，内容较为详尽
博士论文	要求博士研究生能独立开展深入系统的研究，提出新理论或方法，并对相关问题做出原创性贡献	博二至毕业	5万~8万字	创新性较强，对科技进步有一定推动作用	研究内容丰富，知识成体系，论证严谨

不同学习阶段的学位论文要求不同：学士论文通常要求学生对研究课题有初步的了解；硕士论文要求学生对研究课题有清楚的认识，提出创新见解/方法解决现有问题；博士论文要求有原创性成果，学生毕业后具备独立从事科学研究工作的能力。

（2）研究型论文

研究型论文是对某个特定问题进行深入调查和分析的学术性论文，通常包括研究背景、目的、方法、结果、讨论和结论等部分。根据研究内容题材的不同，研究型论文可分为实验型论文、理论推导型论文、研究报告型论文和设计型论文，各类型论文的简述和特点见表1.2。

表1.2 研究型论文分类简述及特点

类型	分类简述	特点
实验型论文	对实验方法、过程、现象和结果进行分析总结	以实验为主要研究手段,发现新现象、新结果、新规律,验证理论或假说
理论推导型论文	提出新假说,并进行数学推导和逻辑推理,从而得到新的理论	准确使用定义和概念,数学推导科学、准确,逻辑推理严密
研究报告型论文	主要是描述研究的具体内容、研究过程和研究结果	先进的实验设计方案,适用的测试手段,合理、准确的数据处理
设计型论文	研究对象是新工程、新产品的设计,研究方法是对设计方案、实物产品展开全面论证,最后阐述产品的理论基础和实践应用	强调实践性,突出设计创新性,聚焦设计过程

(3)综述型论文

在综述型论文中,作者需要对该领域的研究进展、主要成果以及未来发展方向进行客观、全面的分析与评价,并提出中肯的建议。在撰写过程中,应注重语言表达的准确性和简洁性,避免使用过于专业化的术语和复杂的句子,以确保读者能够较好理解。

综述型论文可分为大综述和小综述两类。大综述论文的内容涉及整个领域、专业或某一大研究方向,其立意较高、涉及范围较广,并且相对容易理解。小综述论文则更为细致,涉及相对小的研究方向,甚至某一个具体的算法,针对的问题更为具体。小综述论文的优点在于其可以更深入地分析某一特定方向,但其范围较窄,相关领域和大方向研究进展等可能被忽略。

1.3.2 科技论文结构

不同类型论文的结构存在一定的差异,下面以最常见的研究型论文为例进行说明(图1.3)。由图可知,研究型论文通常包括题名、作者、摘要、关键词、引言、方法、结果、讨论、结论、致谢、参考文献和附录,中文期刊论文与英文期刊论文在结构上的最大区别在于,中文期刊论文通常没有讨论部分。

图1.3 中英文研究型论文常见结构

1.4 本书特点与学习框架

1.4.1 本书特点

目前已有一些科技论文写作方面的书籍、科普文章和讲座。然而这些书籍通常比较枯燥；科普文章趣味性强，但系统性不强；讲座通常涉及面广，学生具体实践起来困难。**本书绘制了大量思维导图，帮助大家梳理各部分结构；使用通俗的语言，带领大家走进科技论文写作；同时，提供了大量图文并茂的案例和模板，便于大家学习和后期实践。**

1.4.2 本书学习框架

本书的学习框架如图1.4所示。文献检索是进行科学研究的基石。在第2~5章，本书将详细介绍文献检索的基础知识、文献数据库和文献管理方法。其中，**第3~5章强调实践操作**。在获取文献全文后，第6章将阐述如何提高文献阅读效率，并引导读者通过阅读文献来提炼研究课题。接下来，第7章介绍科技论文的图表制作和排版，为科技论文的撰写做好准备。第8和9章介绍了使用规范语言进行科技论文写作的方法、完成论文投稿和发表的过程。**在学习第6~8章时，建议结合提供的典型文献案例进行学习**。最后，第10章对学术会议进行了简要介绍。

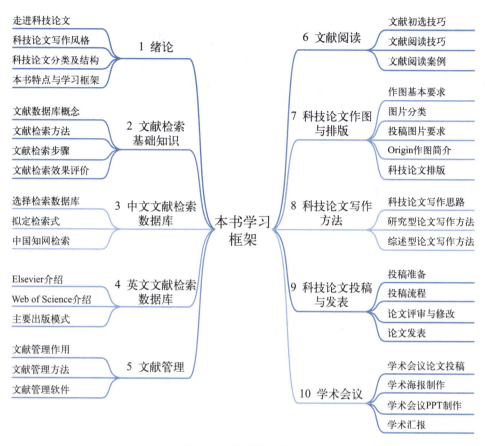

图1.4　本书学习框架

对于初次接触文献检索和科技论文写作的读者，建议按照章节顺序进行阅读；而对于有经验的读者，则可以根据需要直接学习特定章节。相信通过本书的学习，读者将对文献检索和科技论文写作有更全面的了解，极大地促进科技论文写作能力的提升。

> 💡 **思考题**
>
> 1. 科技论文发表的意义是什么？科技论文的特点有哪些？
> 2. 请简述学士、硕士和博士学位论文各自的特点。

第 2 章

文献检索基础知识

对于刚接触科学研究的学术新人来说,阅读高质量且切合自身研究兴趣的文献能帮助自身更好、更快地入门科学研究,但也往往苦于如何寻找一篇优质的科技论文。要实现这一目标,就离不开对文献检索工具的熟练使用。本章将介绍文献检索的一些基础概念和检索技巧,以便大家在之后学习和使用数据库时能更快上手。

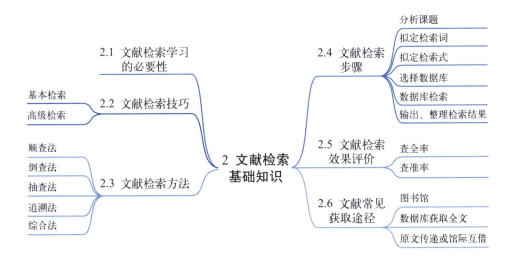

2.1 文献检索学习的必要性

如果将科学家比作贤者，那么其论著恰可作为其科学思想的浓缩，这些论著是人类认识和改造世界不可或缺的资料。

发展至今，文献已成为科学研究成果的重要呈现方式，而这些文献绝大多数被各类数据库所收录。因此，科研工作者学习并使用各种数据库以帮助自己完成研究工作，已然成为学术界公认的一项科研基本功，其重要性不言而喻。

一般而言，数据库最重要的一项功能就是文献检索。它是根据研究需求，利用检索工具和数据库从众多文献信息的集合中找出所需文献的一个过程。这与日常生活中使用搜索引擎对互联网这个超级数据库进行资料搜索有一定的相似性。既然如此，那为什么还需要专门的检索工具和数据库呢？这是因为若局限于搜索引擎，往往不能获得理想的文献检索结果，下面以搜索引擎"百度"为例进行讲解。

假设需要查找与石油探测有关的文献资料，在搜索框输入拟定的搜索关键词"石油 探测"，一共输出6960万条检索结果（图2.1）。可以看到，展示的搜索结果往往并非我们所需要的专业性、权威性学术资料，这远远不能满足日常科研需要。

图2.1　百度搜索案例

此时，需要用到文献数据库进行检索。文献数据库指计算机可读的、有组织的相关文献信息集合。数据库种类众多，有通用性，也有各自的特点，图2.2列出了常用的国内外文献数据库，在本书第3～4章将对其进行细致介绍。

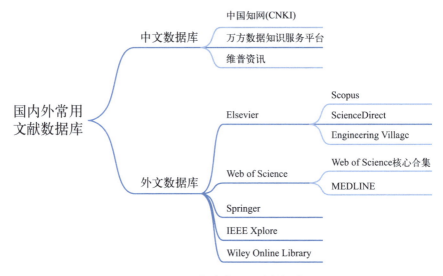

图2.2 国内外常用文献数据库

当对万方数据知识服务平台进行类似的简单检索，得到图2.3所示的检索结果。与百度搜索结果相比，万方的文献检索结果不仅更加精确，而且对资源进行了整理和分类，更有利于快速找到有用的文献。

图2.3 万方数据库检索案例

可知，相较于普通搜索引擎而言，文献数据库检索具有方法更加灵活、资源更加丰富、功能更加实用且效果更加突出的特点。有鉴于此，熟悉专业的文献数据库，学习并掌握文献数据库的检索技巧是很有必要的。

2.2 文献检索技巧

以安全领域页岩气开采诱发微地震为主题,在中国知网数据库使用**基本检索**、**限制检索**及**布尔检索**等展开文献检索技巧介绍。

2.2.1 基本检索

基本检索通常指位于数据库首页的快速检索或简单检索,输入检索词就能快速得到检索结果,但检索的准确度相较于高级检索来说会比较低。例如,输入"微地震 页岩气"这一检索词,最终输出的检索结果有615条(图2.4)。该结果是否已经足够准确呢?接下来使用检索技巧后输出的结果与之比较。

图2.4 中国知网基本检索案例

2.2.2 高级检索

(1)限制检索

限制检索指通过限制检索范围来达到优化最终检索结果的方法,一般有以下几种方式。

① **时间限制**:指定检索文献的时间范围。例如,为了解我国"十三五"期间页岩气行业科技创新发展情况,那么可以将检索时间限制在2016年后,以便更加准确地获取所需文献。

② **字段限制**:限制检索词查找的字段,常见的字段有**全文**、**摘要**、**关键词**、**篇名**和**作者**等(图2.5),我们可以根据需要选择检索字段。

图2.5　中国知网的字段检索功能

③ 二次检索：当有多个检索关键词时，可以尝试使用二次检索，即在输入第一种限制字段得到检索结果页面之后，再输入第二种限制字段，系统将在第一次检索结果范围内进行第二次检索，得到的最终结果范围更精准、相关度更高。

以图2.4中的基础检索结果为例，输入另一检索词"水力压裂"，然后点击"结果中检索"，系统将在第一次的615条结果中进行筛选，最终输出的检索结果减少至131条（图2.6），相较于第一次的检索结果条数减少了78.70%。假如检索文献的学科领域较为交叉，抑或者涉及关键词较多，那么就可以采用这种方式逐步筛选，锁定所需的文献。

图2.6　中国知网二次检索结果

（2）布尔检索

在没有明确一篇文献的具体信息时，可以通过关键词的组合进行检索。

在此过程中,需要用到逻辑连接词来表达检索词之间的关系,即布尔逻辑运算符,这个过程也被称为"**布尔检索**",**其在快速寻找目标文献方面非常有用**。基本的布尔逻辑运算符有:"AND""OR""NOT",它们分别表示"与""或""非"三种逻辑运算关系。许多数据库具有布尔检索功能,例如中国知网中的布尔检索如图2.7所示。三种逻辑运算符各自含义、中国知网输出结果与评价见表2.1。可知,逻辑"OR"通常输出的文献数量最多,而逻辑"AND"和"NOT"通常输出的文献数量较少。

图2.7 中国知网布尔检索

表2.1 三种逻辑运算符比较

逻辑符	示意图	含义	中国知网输出条数	输出结果评价
AND（与）		要求检索的文献既涉及检索词A又涉及检索词B	46	输出文献数量较少,查准率较高
OR（或）		要求检索的文献涉及检索词A或B,或者同时涉及检索词A和B	11704	检索结果范围大大增加,查准率降低
NOT（非）		要求检索的文献涉及检索词A但不涉及检索词B	732	检索结果范围缩小,查准率增强

2.3 文献检索方法

文献检索方法可分为顺查法、倒查法、抽查法、追溯法和综合法,各方法简介及各自优缺点如表2.2所示。在实际科研中,抽查法、追溯法和综合法使用得很多。

表2.2　文献检索方法简介及优缺点

检索方法	简介	优缺点
顺查法	以研究课题的起始年代为起点，按照由远及近的时间顺序进行文献检索	优点是漏检和误检率低，缺点是工作量巨大，一般很少采用这两种方式
倒查法	以研究课题的最新年代为起点，按照由近及远的时间顺序进行文献检索	
抽查法	针对研究课题特点，选择有关文献最可能出现或最多出现的年份进行重点检索	可以花费较少时间获得较多需要的文献，但是可能限于检索者对检索课题认知的广度和深度，遗漏一些重要文献
追溯法	根据文献后面所列参考文献追查相关文献的原文，然后再从这些原文所列参考文献进一步追溯文献	优点是依据文献间引用关系可以快速获得领域内相关的文献，缺点则是检索出的文献越来越旧，不利于紧跟研究前沿
综合法	综合使用上述方法进行文献检索	可以取长补短，取得更好的检索效果，但耗费时间较长，步骤较为烦琐

2.4 文献检索步骤

当拿到课题时，为获得良好的文献检索效果，一般需要遵循图2.8所示的检索步骤。

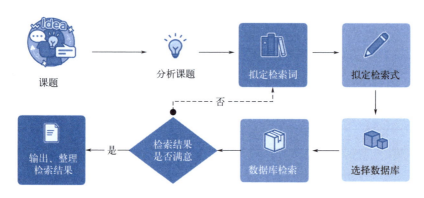

图2.8　文献检索步骤

（1）分析课题

分析课题所包含的概念及其相互关系，需要明确课题所涉及的学科范围、所需文献的类型、年代、语言以及对查全率和查准率的要求等。

（2）拟定检索词

根据课题确定检索词，检索词可以有多个。拟定检索词常用的方法有切分法、删除法及更进一步的替换法、还原法、补充法和限定法等（图2.9）。

图2.9 检索词提炼方法

① 切分法：指对课题语句进行切分，以词为单位划分句子或词组。例如，课题语句是"盐穴腔体利用方法"，那么可以采用切分法确定"盐穴腔体""利用"两个检索词。

② 删除法：A. 删除不具有检索意义的虚词，例如"在""与"等介词；B. 删除过分宽泛和过于具体的限定词，诸如"研究""探索""作用"等词。

③ 替换法：采用概念更加明确、科学、具体的词，替换原课题中概念模糊、日常或宽泛（狭窄）的词。例如，课题语句"无人化矿山建设的探索研究"，可以使用替换法将"无人化"替换成"智能化""信息化""机械化"等检索词。

④ 还原法：原课题中有部分词可能是由词组或句子缩略而成，在提炼检索语言时，可以对其补充还原，添入到检索式中。例如，课题语句是"我国微震监测技术研究进展"，那么可以采用还原法将"微震"还原为"微地震""诱发地震"等检索词。

⑤ 补充法：将检索词的同义词和相关词补充到检索式中，以提高查全率。例如，课题语句是"西南地区盐穴利用调查研究"，其中的"盐穴利用"可以补充为"盐穴腔体利用""盐穴综合利用"等。

⑥ 限定法：层析成像技术在矿山开采、生物医学等领域均有使用。为避免误检到不相关领域，可以在检索时添加布尔检索词"AND"或者"NOT"

进行限定,例如"矿山微震层析成像"可限定为"层析成像AND矿山微震"。

(3)拟定检索式

检索式是检索策略的具体体现,它将检索词进行不同组合,以此合理表达检索词之间的逻辑、位置等相互关系。

(4)选择数据库

数据库选择一般可以参考4个原则,即更好的数据库质量、更大的数据库规模、更低的数据费用以及更快的更新周期,进而在选定的数据库中输入检索式开展检索。

(5)数据库检索

检索往往不是一气呵成的,它需要我们不断对检索结果进行评估,若不满意则应不断改善检索的各个步骤,以取得最佳检索结果。

(6)输出、整理检索结果

可以对检索结果筛选之后再进行输出。输出并不止全文下载这一形式,还包含目录、题录、文摘以及其他自定义形式等。

随着我们的科研经历越来越丰富,所搜集的文献量会越来越大,仅仅依靠电脑桌面或者硬盘文件夹进行管理会显得捉襟见肘,建议大家使用文献管理软件来完成此工作,文献高效管理方法将在第5章进行讲解。

2.5 文献检索效果评价

对检索效果进行评价,可以帮助大家判断是否需要更改检索词、限制条件等,以取得更好的检索效果。文献检索常用评价指标有查全率和查准率,其定义及影响因素见表2.3。通常查准率越高,查全率越低,反之亦然。

表2.3 查全率、查准率的定义和影响因素

评价指标	定义	影响因素
查全率	系统检索出的相关文献量与文献库中相关文献总量的比例	①检索策略过于简单; ②选词和逻辑组配不当; ③检索途径太少; ④检索者业务不熟练、缺乏耐心; ⑤检索不具备截词和反馈功能; ⑥检索时不能全面地描述检索要求等

续表

评价指标	定义	影响因素
查准率	系统检索出的相关文献量占检索出文献总量的比例	①组配错误； ②检索时用词专指度不够； ③检索面宽于检索要求； ④截词部位不当； ⑤检索时使用的逻辑运算不当

2.6 文献常见获取途径

（1）图书馆

曾有人说图书馆是大学的心脏，而文献资源则是图书馆的核心和基石。一般情况下，高校图书馆不仅拥有丰富的纸质馆藏，还提供全面的多学科电子文献资源，以方便师生及时获取科学技术前沿动态。例如，重庆大学图书馆网站设有专门的数据库导航页（图2.10），供师生、校友和其他社会人士免费使用。该馆配置了近200个国内外数据库，包括中国知网、万方、维普、Web of Science、Scopus等，用户可以按学科、字母和资源类型等进行数据库导航，使用非常便捷。

图2.10 重庆大学电子图书馆数据库导航页

（2）数据库获取全文

数据库一般可分为全文型数据库和文摘型数据库。全文型数据库可以下载文献原文，而在以 Engineering Village、Web of Science 为代表的文摘型数据库中可以检索得到文献的题录和摘要等信息（没有收录文献全文），其全文一般附在"全文获取链接"当中，需要点击图2.11中圈出的"Full text"图标后跳转到全文型数据库才可下载。

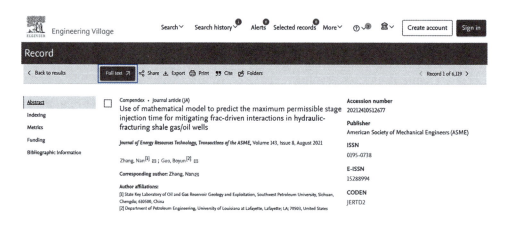

图2.11　Engineering Village 数据库

（3）原文传递或馆际互借

有时在数据库或电子图书馆能检索到所需文献、书籍的文摘或题录等信息，但其并未提供原文链接，那么就可以通过原文传递或馆际互借服务获取所需文献的全文电子件或复印件，传递方式包括电子邮件、信件邮寄、扫描传真等。合理地利用好这些服务，尽可能地获得所需文献内容，可更好地支撑我们的学术研究。

> 💡 **思考题**
>
> 1. 文献检索中的布尔逻辑运算符作用是什么？并结合示意图阐释布尔逻辑运算符。
> 2. 简述文献查找时顺查法、倒查法、抽查法、追溯法、综合法的优缺点。
> 3. 文献查全率、查准率的定义及它们之间的相互关系是什么？

第3章

中文文献检索数据库

在学习和了解文献检索基础知识后,本章将以中国知网数据库为例,展示如何使用数据库检索文献。同时,为帮助读者更好地对文献检索结果进行分析,本章还将着重讲解中国知网的拓展功能,如文献导出、可视化分析等。万方、维普数据库的使用与中国知网具有很多相似之处,可以结合本书自行学习。

3.1 选择检索数据库

目前国内主流的三大中文文献数据库分别是中国知网、万方数据知识服务平台和维普网,关于这三种数据库的介绍及对比可见表3.1。

表3.1 三大中文数据库介绍及对比表

名称	网址	收录数据	界面美观度	使用感受	用户认可度	收费情况
中国知网	https://www.cnki.net	知网数据库收录了8430余种中文学术期刊，包括学位论文、会议论文、期刊论文等	界面简洁实用，功能齐全	提供多种检索方式和工具，检索结果较精确	在中国占据文献检索主导地位，使用非常广泛	部分内容需要付费
万方数据知识服务平台	https://www.wanfangdata.com.cn	万方数据库收录了8000余种期刊，涵盖了学术期刊、学位论文、会议论文、专利、科技成果等	界面较为简洁，功能布局清晰	提供多种检索方式和高级检索功能，检索结果较丰富	在中国学术数据库市场有一定份额，使用较为广泛	部分内容需要付费
维普网	https://wwwv3.cqvip.com	维普数据库收录了超过15000种期刊，包括学术期刊、学位论文、会议论文、科技报告等	界面相对简洁，功能使用较为便捷	提供多种检索方式和高级检索功能，检索结果较全面	在中国学术数据库市场占有一席之地，使用广泛	部分内容需要付费

本书选择了目前中文文献检索数据库中使用最为广泛的中国知网为大家讲解。中国知网的全称是China National Knowledge Infrastructure（中国知识基础设施），其在我国学术界处于超然地位。1999年投入建设伊始，中国知网便受到了各部委、科学界、教育界和出版界等的大力支持，其收录了8420余种中文学术期刊、632余万篇中文博士、硕士学位论文，还收录了会议全文、专利、图书、重要报纸、年鉴等（图3.1）。近年来，中国知网收录的英文学术期刊逐年攀升。

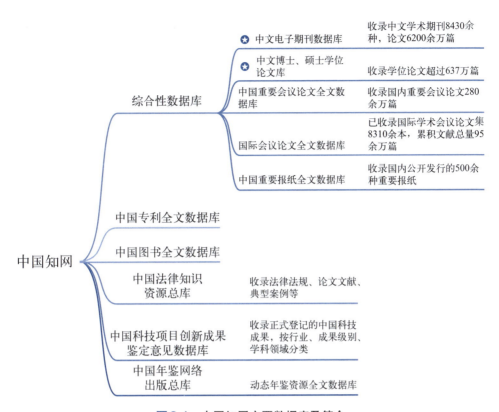

图3.1　中国知网主要数据库及简介

3.2　拟定检索式

以"矿山废弃地生态修复"这一主题为例，采用切分法和补充法提炼出表3.2所示的检索词。

表3.2　检索词选择

序号	从课题字面选择/对应英文	从课题内涵选择/对应英文
1	矿山/mine	矿业、矿区/mining（area）
2	废弃地/wasteland	损毁地/damaged land
3	生态修复/ecological restoration	生态恢复、生态治理/ecological restoration

根据上述的检索词提炼和检索技巧，按照篇名和主题相结合的方式拟定如下检索式：篇名=（矿区＋矿山＋矿业）*（废弃地＋损毁地）* 主题=（生态修复＋生态恢复＋生态治理）。"＋"和"*"号分别代表布尔逻辑运算符

"OR"和"AND",**在其前后须有空格,否则检索将失效**。该检索式在中国知网高级检索页的输入方式如图3.2所示。

图3.2　中国知网检索式输入页面

3.3　中国知网检索结果

用上述检索式进行检索得到的检索结果如图3.3所示,共检索出322条文献。检索结果页上方的工具栏对结果进行了详细的数据库来源分类,如学术期刊、学位论文、会议、报纸、专利和标准等。每一条检索结果都包含了文

图3.3　检索式输出结果页面

献的题名、作者、来源、发表时间、数据库等基本信息,并且**可以按照发表时间、相关度等进行重新排序**。左侧的**过滤筛选功能区**也可将检索结果按照学科、发表年度、文献来源、文献类型等进一步筛分。合理使用这些工具栏可以帮助我们更快更精准地完成文献检索。

在图3.3检索结果的基础上可以直接点击所需文献进入详情页面(图3.4),可以预览摘要,并选择HTML在线阅读、CAJ和PDF全文下载。**通常同一篇论文的CAJ格式文件小于PDF格式文件,但PDF阅读器和编辑工具更多,推荐选用PDF格式下载。**

图3.4　中国知网文献详情页面

3.4　中国知网拓展功能

事实上,中国知网数据库不仅可以完成上述的基本检索功能,还可以基于此实现一系列其他更加多样的操作,接下来以第3.3节的检索结果为例展开说明。

3.4.1　文献批量下载与导出

在检索式输出结果页面,可以勾选心仪的文献,然后点击"批量下载"获取原文(注:使用批量下载功能前需安装《知网研学》软件);也可以使用"导出与分析"一栏下的"导出文献"功能,以txt、doc文件或剪切板等方式导出不同格式的引文或文献信息(图3.5)。若文献A被列在文献B的参考文献中,那么文献A就叫作被引文献(cited paper,简称引文),文献B就叫作施引文献(citing paper),也称为引证文献或来源文献。一般地,施引文献是对引文中研究工作的进一步发展、应用或评价。

图3.5 中国知网文献批量下载与导出

3.4.2 文献可视化分析

随着科技的飞速发展,科研文献的数量浩如烟海。依靠逐篇阅读论文的方式难以快速分析领域的发文趋势、重要研究单位、作者等,此时中国知网自带的文献可视化分析功能就能显示出其优越性。具体体现如下。

3.4.2.1 特定文献分析

在检索式输出结果页面,可进行如图3.6所示的操作,首先将检索结果按相关度进行排列,然后选择相关度较高的文献进行分析(此处选择了前2页的共100条文献),最后选择"已选结果分析",进入到可视化分析页面。

分析工具提供了一些基本的分析指标,如文献数、总被引数、总下载数、篇均被引数等。除此之外,还提供了总体发文趋势、多种关系网络以及学科、来源、机构分布情况等的可视化,如图3.7中的可视化分析界面展示了所选期刊在不同年份的总体发文量和变化趋势。

特定分析最大的特点就是提供了选中文献的关系网络分析,包括文献互引网络分析、关键词共现网络分析、作者合作网络分析等。

图3.6 特定文献可视化分析使用步骤

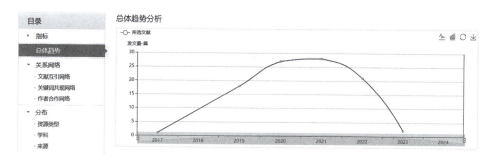

图3.7 中国知网特定可视化分析页面——总体趋势

（1）文献互引网络分析

文献互引网络分析将原始文献、参考文献和引证文献划分为不同颜色的圆，圆的大小代表其被引频次大小，最后同联络线一起组成可视化分析图（图3.8）。可以点击右上角的筛选图标，按照关系强度和被引频次对文献进一步筛选，并且双击圆可以直达文献详情页面，以便了解更多信息、获取全文等。

借助"文献互引网络分析"工具，可以清晰地了解原始文献、参考文献和引证文献之间的参考及引证关系，某篇文献的联络线越密集，表示其关注度越高；而联络线延伸得越长，则代表该研究方向具有很好的拓展性，引起了研究人员持续深入的挖掘探索。

（2）关键词共现网络分析

借助"关键词共现网络分析"工具，可以了解选中文献的主要关键词，从而判断搜集的文献是否偏离主题。关键词一般是经过全面考虑，综合学术

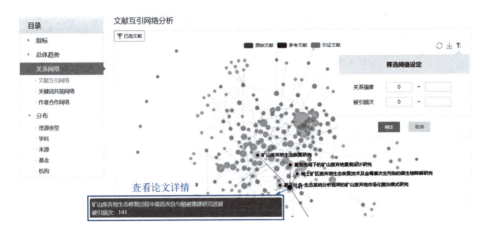

图3.8 中国知网特定可视化分析页面——文献互引网络分析

论文关键词而确定的,读者通常能根据关键词大体了解该论文的研究方向。论文的关键词往往存在着一定的关联,这种关联可以用共现频次来表示,共现频次越高代表这两个主题的关系越紧密(图3.9)。

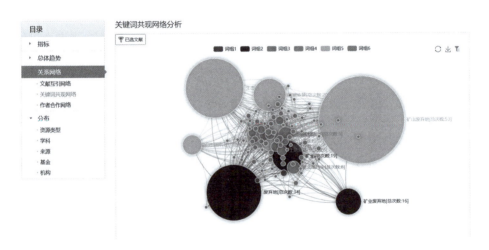

图3.9 中国知网特定可视化分析页面——关键词共现网络分析

(3)作者合作网络分析

中国知网还提供了"作者合作网络分析"工具,借此可以了解选中文献作者中的高引用量学者(圆的直径越大,说明该作者被引数量越高)、其合作研究学者及所在机构。当对某关键词进行文献检索时,可以借助"作者合作网络分析"工具了解相关领域的重要研究者。此工具有以下两方面的优势：通过挖掘重要研究者及其合作关系，关注他们的研究成果和进展，可快速系统地了解本领域的主要研究内容和现状，并准确把握本领域的研究前沿和发展趋势；寻找自己感兴趣的学者和前沿研究机构，方便继续深造和后续的科研交流与合作（图3.10）。

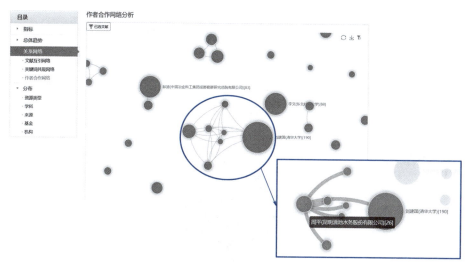

图3.10 中国知网特定可视化分析页面——作者合作网络分析

3.4.2.2 广泛分析

在检索结果页面选择"全部检索结果分析"（图3.6），进入到"总体趋势分析"页面。分析工具提供了发表年度趋势、主（次）要主题分布、文献来源分布、中国作者分布、机构分布等的可视化[图3.11（a）]。**发表年度趋势可帮助我们分析检索课题的发展趋势**，主（次）要主题分布呈现了检索课题在不同研究方向的分布状况，文献来源分布提供了检索主题在不同期刊的发文量，中国作者分布、机构分布则分别提供了本领域学者和科研单位[图3.11（b）]的发文量。

合理利用中国知网数据库的功能拓展工具能够快速获取高质量文献。本书只是引导读者初步认识这些可视化分析工具，在之后的科研训练中，读者仍需进行实操训练以全面了解这些工具的使用方法和作用。此外，学习中国知网文献数据库可视化分析工具还可为其他文献数据库和文献分析软件的学习提供借鉴。

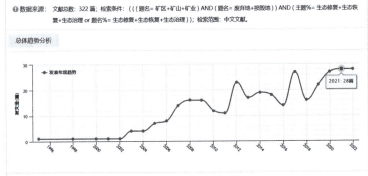

(a) 整体可视化分析页面——总体趋势分析

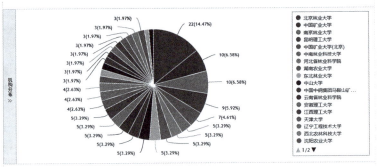

(b) 整体可视化分析页面——机构分布

图3.11 中国知网文献检索整体可视化分析

> **思考题**
>
> 1. 试比较中国知网、万方、维普的异同点。
> 2. 简要说明中国知网的主要功能和使用方法。
> 3. 简要说明中国知网拓展功能有哪些及其对科研快速入门的帮助是什么。

第4章

英文文献检索数据库

随着"努力成为世界主要科学中心和创新高地"这一战略目标的提出,我国在学术期刊以及数据库建设方面也取得了长足进步。然而,西方发达国家的文献数据库具有更加悠久的建设历史、更全面丰富的数据系统,以及更多优质、前沿的科研文献和知识索引。因此,了解国外数据库的发展现状和特点,掌握其使用方法,不仅能拓宽科研视野,紧跟科技前沿,还有助于更好地推进国内文献数据库的建设。本章将以Elsevier和Web of Science(WOS)为例,介绍如何使用英文文献检索数据库。

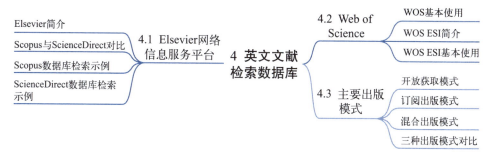

4.1 Elsevier网络信息服务平台

4.1.1 Elsevier简介

Elsevier(爱思唯尔)是一家位于荷兰的出版集团,以自身雄厚的出版基础为依托，为合作用户提供专业知识和分析服务，致力于推动社会进步。该集团已经出版了2800余种期刊，每年共有约60万篇论文发表，其中包括知名刊物 The Lancet（《柳叶刀》）等。截至2023年，Elsevier出版的论文引用量大约占据了全球论文出版总量的28%。

该集团网络信息服务平台主要有ScienceDirect、Scopus等核心检索工具，覆盖了工学、数学、物理、医学等多个学科领域，正在被世界各地的教育、科研和服务机构广泛采用。自2015年起，Elsevier利用旗下Scopus数据库的引用数据，每年更新公布中国高被引学者（Most Cited Chinese Researchers）榜单。Elsevier核心服务与涉及学科见图4.1。

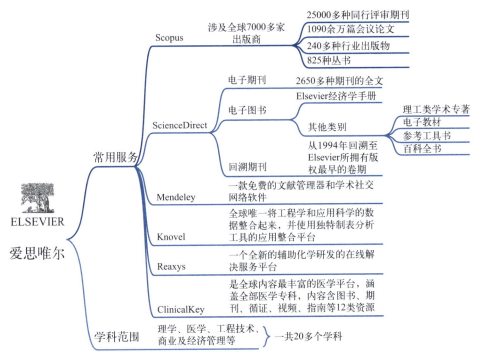

图4.1　Elsevier核心服务与涉及学科

4.1.2　Scopus与ScienceDirect对比

通常，我们不会直接在Elsevier官网首页进行资料检索。在Elsevier提供的6种常用服务中，Scopus和ScienceDirect数据库的使用更为普遍。在此，我们总结了Scopus数据库和ScienceDirect数据库的性质、涵盖范围和特点（表4.1）。接下来，将通过示例对这两个数据库进行讲解，以便让大家有更直观的了解。

表4.1 Scopus与ScienceDirect数据库对比

名称	Scopus数据库	ScienceDirect数据库
主页网址	https://www.scopus.com	https://www.sciencedirect.com
网站页面		
性质	文摘导航索引工具	文献全文下载工具
涵盖范围	7000余家出版商，25000余种经同行评议的出版物，涵盖学科范围广	Elsevier出版的2650余种期刊和多种类型的图书，涵盖学科范围窄
特点	①为文摘数据库； ②用户通过全文选项链接获取全文	①为全文数据库； ②全文文献以HTML、PDF格式提供

4.1.3 Scopus数据库使用

4.1.3.1 拟定检索式

Scopus数据库检索首页如图4.2所示，我们可以从文献、作者和归属机构三大类别进行检索。在文献检索功能区，可以选择不同的检索字段。有了在中文数据库提炼检索词和拟定检索式的经验，这次尝试在Scopus数据库中检索与油气领域有关的文献。首先，选择限定字段为"篇关摘"，即论文标题、摘要、关键词，以实现对篇名、摘要、全文、小标题、参考文献等的精确匹配，并拟定有关油气领域"低渗透油藏二氧化碳驱替技术"的

图4.2 Scopus数据库检索案例

检索式：篇关摘=（Oil reservoirs OR Oil pools OR reservoirs）AND（low permeability）AND（CO_2 OR carbon dioxide）。

4.1.3.2 检索展示

检索结果页面（图4.3）中，Scopus数据库默认搜索对象为文献类型，但也提供了专利、辅助文献类型的结果及链接。在文献结果页面，Scopus一共呈现了1015条检索结果，并在图中右侧按照相关性、日期等进行排列，每条文献包含了题名、作者、摘要、出版来源、发表年份以及被引次数等信息。我们还可以在左边的检索过滤器中对文献的年限范围、学科类别、发表机构等进行筛选。检索结果页面还提供了导出（export）和下载（download）两个功能。其中，导出功能可以将勾选检索结果的文摘信息以不同格式导出；而下载功能则可以链接到被勾选检索结果的全文，较为方便。

图4.3 Scopus数据库检索结果页面

如果需要对检索结果进行分析，Scopus提供了**引文概览**和**可视化分析**功能。

（1）Scopus引文概览

在勾选好文献后，点击图4.3中的"引文概览"，即可进入相应界面（图4.4）。系统默认展示了近5年的引文情况，可以通过分析折线图中的引文趋势来判断该领域的发文动态。当然，也可以更改引文的年限范围，或排除作者的自我引用及书籍引用，使检索结果更加符合自己的需求。

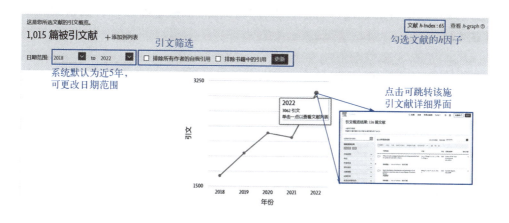

图4.4 Scopus数据库检索结果引文概览页面

值得一提的是,在图4.4引文概览页面的右上角有一个h-Index指标,其又被称作h指数或h因子。在图4.4中,该指标代表所勾选的1015篇检索文献中有65篇分别被引用了至少65次。若某科研人员的h指数为39,表示他发表的论文中有39篇分别被引用了至少39次。**h指数越高,表明该科研人员发表的论文影响力越大,这是目前世界上较为流行的一种学术成就评价方式**。但h指数也有不足,例如生物领域的h指数往往较高,而工程领域较低;每篇论文的合著作者无论贡献大小、排名先后,都能共享该论文获取的h指数,这种规则是较不公平的;另外,随着时间的推移,引用量的增加会使得年长的研究人员易获得更高的h指数。此外,通过点击图4.4中折线图的端点,可以跳转查看某一年份的引文具体情况。

(2) Scopus可视化分析

在勾选好文献后,点击图4.3中的"分析结果"(analyze results)即可进入可视化分析界面(图4.5)。与中国知网相比,Scopus数据库同样提供了年份、来源出版物、作者、归属机构、国家/地区、类型、学科类别和资金赞助来源等的可视化分析,但是Scopus数据库的图表类型更为丰富,视觉效果更为美观。这些分析能帮助我们更快了解本领域的研究现状、未来趋势,还有深耕本领域的前沿研究人员、机构,方便找寻适合我们跟进和关注的对象。

4.1.3.3 Scopus研究学者检索

Scopus数据库提供了检索研究学者各类学术信息的服务,这对我们了解、追踪感兴趣的科研学者很有帮助。首先在数据库检索页面选择作者,然后输入目标学者的姓氏、名字和工作机构，点击检索即可跳转到检索名单（图4.6）。

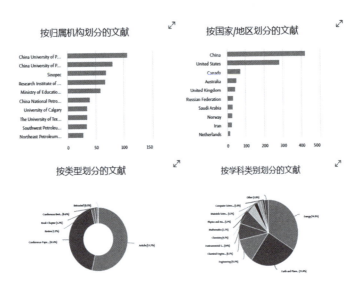

图4.5　Scopus数据库检索结果可视化分析界面

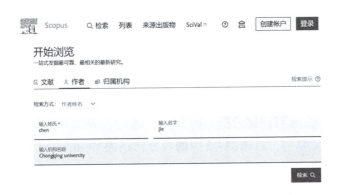

图4.6　研究学者检索

在该学者的详细页面中（图4.7），可以查看其文献数、被引数及h指数，还有引文趋势图、最高贡献主题等，相关图文很好地展示了该学者的学术生涯影响力发展趋势及研究领域等。此外，可以点击"设置通知"关注学者，并匹配与该学者相近的其他潜在学者等，由此可以帮助我们跟进了解所在领域的科研动态。

不仅如此，Scopus还提供了作者文献列举、作者产出分析及引文概览功能。这与本节提到的Scopus检索结果、可视化分析、引文概览等功能大同小异，只是这里仅针对目标学者的文献而已，因此不再赘述。

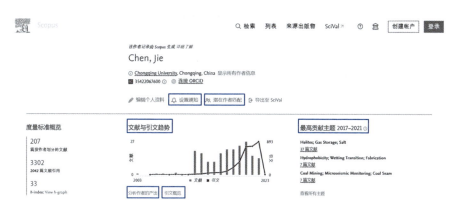

图4.7　Scopus数据库研究学者详细页面

4.1.4　ScienceDirect数据库使用

（1）拟定检索式

前文提到，ScienceDirect数据库主要提供Elsevier出版的期刊文献全文，因此其检索首页的风格更偏向于针对期刊/书籍的检索，可以通过关键词、作者、题目等进行检索［图4.8（a）］。ScienceDirect数据库提供了高级检索［图4.8（b）］，其页面风格与中国知网高级检索、Scopus数据库等相

(a) ScienceDirect数据库检索首页

(b) ScienceDirect数据库高级检索页面

图4.8　ScienceDirect数据库检索页面

似。限定字段为"篇关摘",拟定有关安全领域"矿山灾害预警"的检索式:篇关摘=(Mine OR Mining OR Mining area)AND(disaster OR calamity OR hazard)AND(early-warning OR early detection OR warning)。

(2)检索结果

检索结果页面[图4.9(a)]中,ScienceDirect数据库检索结果包含了Elsevier出版的书籍、文献、短评等。在该页面,ScienceDirect数据库一共呈现了118条检索结果,可按照相关性、发表日期对其进行排序,每条文献都包括了题名、期刊、年份、作者,并且可以展开其摘要、配图和导出文

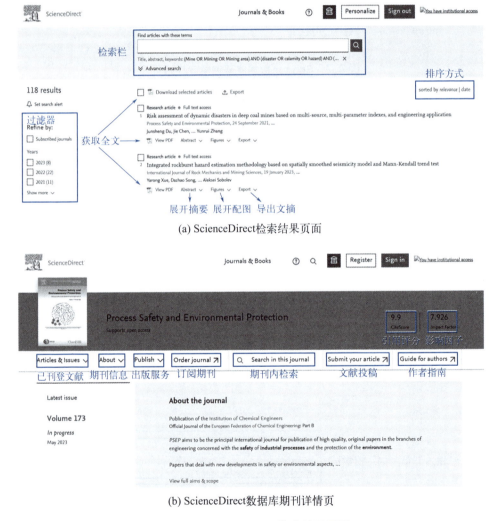

(a) ScienceDirect检索结果页面

(b) ScienceDirect数据库期刊详情页

图4.9 ScienceDirect检索结果页面

摘。左侧的检索过滤器还可以帮助我们对文献的年限范围、学科类别、发表机构等进行筛选。

ScienceDirect数据库最具特色的功能是提供了网页在线阅读（点击论文题目即可进入到在线阅读界面）和全文下载，这对于科研工作者来说尤为重要。点击期刊名还可以转入到期刊详情页，可查看期刊影响因子（impact factor，IF）、编委、收稿范围、各期论文、投稿说明等信息［图4.9（b）］。

Scopus经常被用来评估学者、出版物和机构的学术表现，因为它提供了广泛的指标和统计数据，如引用数量、h指数、活跃作者等，这些数据可用于评估学者和出版物的影响力、引用率和质量。ScienceDirect注重多学科交叉研究领域的内容，与其他数据库相比具有一定的优势。总之，这两个数据库都提供了较高质量的学术文献，特别是在期刊和学术出版物方面，可以帮助我们更加深入地研究和探索问题。

4.2　Web of Science

Web of Science（WOS）是一个大型综合性、多学科、核心期刊引文索引数据库，其中的三大引文数据库分别为科学引文索引（Science Citation Index，SCI）、社会科学引文索引（Social Sciences Citation Index，SSCI）、艺术与人文引文索引（Arts & Humanities Citation Index，A&HCI）。WOS不仅提供了一系列基础实用功能，如查看期刊具体信息、分析检索结果和创建引文报告等，还提供了一些高级功能，如跨学科检索、作者识别和机构分析等，这些功能可以帮助我们更深入地了解相关领域的研究动态和趋势，从而更好地规划和展开自己的研究工作。WOS还提供了一些实用工具，如EndNote和Reference Manager等，这些工具可以帮助我们更方便地管理自己的文献库和引用文献，提高研究效率和质量。

我们可以通过WOS查找最新的研究成果，了解研究前沿和趋势，同时也可以通过WOS的引文分析功能了解学者的研究成果在学术界的影响力和地位，从而更好地规划和展开自己的研究工作。接下来，本书将介绍WOS的使用方法，帮助大家更好地利用WOS，以推进学术研究和科学创新的进程。

4.2.1　WOS基本使用

WOS的网站地址为https://apps.webofknowledge.com，主页面（图4.10）的右上方提供了相关产品的链接。在进行文献查找时，需要选择合适的检索数据库，通常选用所有数据库或核心合集数据库，这样可以保证收录全面性好。此外，WOS还提供了主题、标题、作者、出版物等多种快速检索方式，方便用户快速定位所需文献。如果需要进行高级检索，可以选择"添加行""添加日期范围"等选项来实现。

图4.10　WOS主页面简介

为了更好地了解如何使用WOS数据库，下面以"岩盐三轴压缩实验"为例进行了基本检索（图4.11）。首先，选择WOS核心合集数据库，采用主题检索模式并拟定检索式为：主题=（rock salt）AND（triaxial compression）。在检索结果页面（图4.12），可以按相关性、被引频次、日期等方式进行排序，以便快速找到相关性强、影响力高、研究较新的文献。同时，还可以使用快速过滤功能对检索结果进行筛选，例如勾选"高被引论文"选项可以查

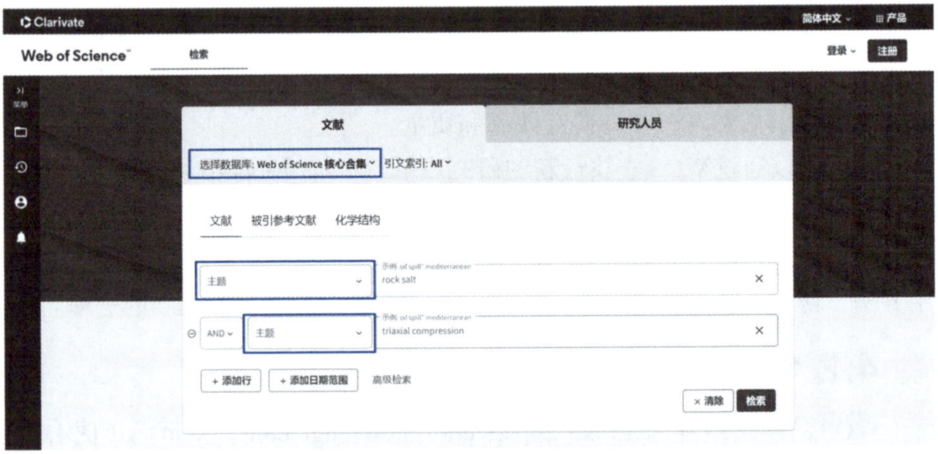

图4.11　WOS检索案例

看高被引论文，从而精练检索结果。这些功能可以帮助我们更快速、准确地找到所需文献，以更好地开展研究工作。

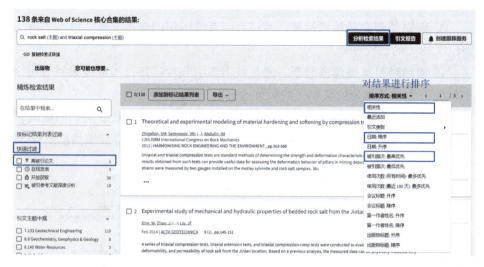

图4.12　WOS检索结果页面

WOS还能从多个维度对检索结果进行分析，如作者、出版年份、出版物标题等，具体功能见图4.12右上角按钮。通过分析检索结果，我们可以对研究领域整体情况进行梳理。例如，选择"Web of Science类别"后可以发现与"岩盐三轴压缩实验"有关的论文主要发表在工程地质领域（见图4.13）。

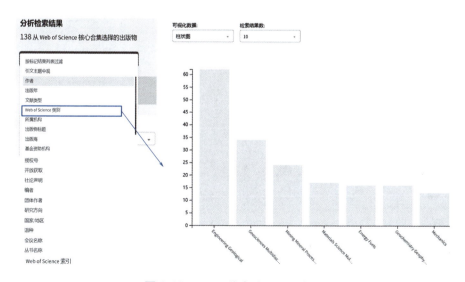

图4.13　WOS检索结果分析案例

除了通过检索系统直接检索文献并分析检索结果外，还可以在单篇文献的详细页面（图4.14）中使用右上角的WOS引文网络进行文献检索。这种方法有两个优点：

① **借助参考文献越查越深**。通过点击查看引用的参考文献，可以了解与该论文相关的研究基础。

② **借助施引文献越查越新**。通过点击被引频次链接，可以搜索到引用该文献的论文，了解与论文相关的后续进展。

同时，在单篇文献的详细页面中，还可以获得该文献刊发期刊的影响因子与分区、出版时间、作者信息、基金资助、WOS入藏号等详细信息。WOS

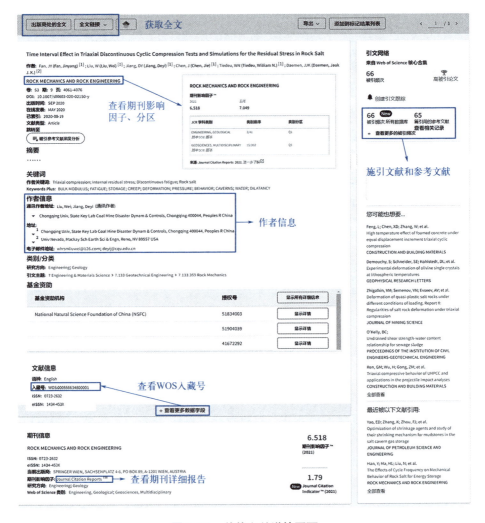

图4.14　单篇文献详情页面

通常在每年6月底更新影响因子和分区信息,**当期刊存在多个分区时,通常选择较高的分区作为参考**。通过点击页面下方的"Journal Citation Reports"链接,可以查看该期刊的影响因子、排名、总被引量、百分位变化趋势、最近三年内贡献论文最多的组织和国家或地区等详细信息,例如从图4.15可以得知,期刊*Rock Mechanics and Rock Engineering*近几年的影响因子呈上升趋势,尤其是在2020年有显著的增长,其近几年均属于JCR 1区,且排名靠前。

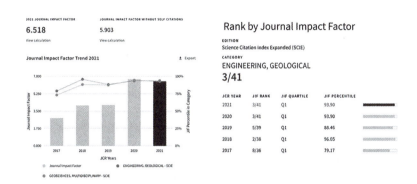

图4.15　WOS期刊报告案例

4.2.2　WOS ESI简介

Essential Science Indicators(ESI)是基于Web of Science核心合集数据库的一款科研评价工具,能够对科研领域的相关数据进行深度分析和评价,包括论文数、论文被引频次、论文篇均被引频次、高被引论文、热点论文、前沿论文等指标(见表4.2)。ESI将学科按照期刊类别划分为22个大类,并通过排名列出世界前1%的研究机构、科学家,以及前50%的国家、地区和期刊。此外,ESI还提供了相关研究领域中的重大发展趋势、研究前沿,以及具有影响力的机构、国家、科学家、期刊等信息。

表4.2　ESI重要指标

重要指标	解释
高被引论文 (highly cited papers)	同一个ESI学科近10年发表的论文中,同年被引次数排名在前1%的论文
热点论文 (hot papers)	同一个ESI学科近2年发表的论文中,近2个月被引次数排名在前0.1%的论文
前沿论文 (research fronts)	同一个ESI学科领域内引用频次较高且增长迅速的文献集合

4.2.3 WOS ESI基本使用

在浏览器中输入https://esi.clarivate.com/IndicatorsAction.action，即可访问ESI界面（图4.16）。ESI提供了多种查询方式，包括：

① Indicators查询：可以查看不同作者、期刊、研究领域等的论文数量和被引量的排名；

② Field Baselines查询：可以查看引用率、百分位和学科排名等指标；

③ Citation Thresholds查询：可以查看ESI学科阈值、高被引论文阈值和热点论文阈值等信息；

④ Map View：可以查看各地区的高被引论文、顶级论文和热点论文的发表数量；

⑤ 设置具体检索内容：可以从研究领域、作者、机构、期刊、国家和地区以及研究前沿等方面对高被引论文、顶级论文和热点论文的数量和被引量进行搜索和排序；

⑥ 基于具体检索内容添加Filter：可以进一步选择作者、机构、研究前沿、研究领域等信息展开搜索。

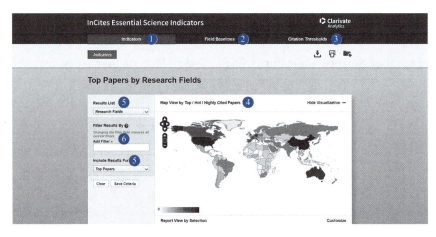

图4.16　WOS ESI主页面

以高被引论文的检索信息页面为例，图4.17显示了22个领域中被引次数排在前1%论文的最低被引次数。其中，工程领域在2022年和2020年的高被引论文阈值分别为5次和55次，这意味着在这两年发表的工程领域论文引用次数大于或等于5次和55次时，很有可能成为高被引论文。当然，随着发表年限的增加，文献成为高被引论文所需的引用次数会显著增加。

InCites Essential Science Indicators　Clarivate Analytics

Indicators　Field Baselines　Citation Thresholds

ESI Thresholds　Highly Cited Thresholds　Hot Paper Thresholds

RESEARCH FIELDS	2012	2013	2014	2015	2016	2017	2018	2019	2020	2021	2022
AGRICULTURAL SCIENCES	154	145	134	126	108	97	83	63	43	19	4
BIOLOGY & BIOCHEMISTRY	277	251	228	198	177	151	124	95	63	23	5
CHEMISTRY	252	232	218	204	173	155	129	99	64	27	5
CLINICAL MEDICINE	219	200	184	174	154	137	109	79	63	22	5
COMPUTER SCIENCE	151	153	154	135	129	131	108	88	64	28	9
ECONOMICS & BUSINESS	213	190	168	142	123	109	85	63	46	22	5
ENGINEERING	154	148	140	135	124	117	103	78	55	26	5
ENVIRONMENT/ECOLOGY	304	261	247	217	180	155	127	91	62	26	4
GEOSCIENCES	236	212	183	156	134	114	89	68	44	18	5
IMMUNOLOGY	305	296	286	234	202	172	145	109	143	44	7
MATERIALS SCIENCE	320	288	286	260	234	210	174	124	77	30	5
MATHEMATICS	83	72	65	64	53	49	44	35	26	11	3
MICROBIOLOGY	253	227	212	180	193	159	125	91	105	26	4
MOLECULAR BIOLOGY & GENETICS	461	413	369	315	272	218	212	147	97	33	5
MULTIDISCIPLINARY	401	441	237	339	240	207	180	154	166	56	21
NEUROSCIENCE & BEHAVIOR	281	250	224	194	171	151	120	83	55	20	4
PHARMACOLOGY & TOXICOLOGY	189	176	161	144	126	114	96	69	48	19	4
PHYSICS	193	177	169	154	136	116	99	75	50	22	4
PLANT & ANIMAL SCIENCE	159	149	131	118	100	85	68	52	34	14	3
PSYCHIATRY/PSYCHOLOGY	227	201	184	156	129	117	86	59	54	20	4
SOCIAL SCIENCES, GENERAL	143	131	120	105	89	79	64	45	37	16	4
SPACE SCIENCE	266	277	212	201	170	144	128	94	59	25	6

图4.17　高被引论文引用阈值示例

4.3　主要出版模式

期刊常见的出版模式包括**开放获取模式**、**订阅出版模式**和**混合出版模式**。接下来对开放获取模式展开详细讲解，并对三种出版模式进行对比。

4.3.1　开放获取模式

4.3.1.1　开放获取概述

随着科学研究和科技信息的日益发展，**科研人员面临着日益增长的科研文献数量和高昂的订阅费用**。这使得许多研究者和学术机构难以获得所需的研究文献，限制了科学研究的广泛传播和创新。为解决这一问题，开放获取（open access，OA）应运而生。

作为一种新兴的科研成果分享模式，OA的特征主要体现在付费、版权和访问三个方面（表4.3），通过数字网络使科学研究成果能够以免费、不受限制的方式被最大限度地传播与利用。通俗地说，传统发表文献是作者的成果被出版社发表之后，版权归出版社所有，读者需要以个人付费、图书馆付费等方式才能下载该篇文献；**而OA则与传统模式执行同样严格的同行评审制度**，但由作者、作者相关的资助者或机构（下文简称作者）支付出版费，以支持开放获取期刊运营，其他人则可以利用互联网免费查阅、下载该篇文献。在过去的几十年中，OA已经在全球范围内得到了广泛的推广和应用，为科学传播与创新带来了积极的影响。

表4.3　开放获取期刊的主要特征

名称	特征描述
付费	由作者、作者相关的资助者或机构支付出版费，以支持开放获取期刊运营
版权	由作者签署知识共享协议，通过描述文献内容的知识使用共享许可来解决版权问题
访问	全世界的读者都可以无限制访问论文，实现公开、透明的科学传播

4.3.1.2　开放获取主要模式

一般而言，OA文献稿件有金色OA（gold open access）和绿色OA（green open access）两种不同的发布模式（即文献最终向读者提供阅览的方式）。那么，这两种模式有什么区别？各自又有什么特点呢？

（1）金色OA

作者将文献稿件（印刷后）发表在开放获取期刊上，文献版权通常由作者保留。读者可以立即在期刊网站上免费获取全文，并且可以自由地下载、引用和传播这些研究成果。金色OA期刊通常采用收取较高昂文章处理费（article processing charge，简称APC）的资金模式来保障期刊的运营和维护，费用由作者支付。部分金色OA期刊还采用了其他的资金模式，例如捐赠、赞助、广告等。当我们提到开放获取或者OA期刊时，通常就是指金色OA这一出版类型。

（2）绿色OA

作者将文献的稿件版本（印刷前或印刷后）放入存取仓库中，文献版权通常由出版商或社会组织保留，文献版本则取决于资助者或出版商是否同意更新。读者可以通过存取仓库免费获取论文全文，并自由地下载、引用和传播这些研究成果。因此，与金色OA相比，绿色OA有特定的条款和条件决定如何以及何时允许公开访问存取仓库中的文献。绿色OA通常不涉及文章处理费，因此被认为是一种相对经济的开放获取方式。

（3）优缺点

对作者来说，金色OA和绿色OA的优缺点主要与价格和时间有关（表4.4），因此作者需综合考虑自己的需求来选择何种出版方式。但总体而言，这两种出版模式都大大降低了读者下载、引用和传播文献的门槛，促进了科学思想和成果的广泛传播。

表4.4　两种OA模式优缺点对比

模式	优点	缺点
金色OA	读者可以立即免费获得已发表的文献	对作者价格昂贵，通常要求作者在稿件接收后向出版商支付论文出版费
绿色OA	对作者价格低廉，文章在禁运期结束后可以被免费获取	文献最终版本无法立即获取，在同行评审并完成重大修订后，存取仓库中的文献版本不能立即体现出这些修订

4.3.1.3　开放获取主要通道

正如4.3.1.2节所述，开放获取主要包括金色OA的开放获取期刊和绿色OA的存取仓库两种模式。一些常用的开放获取数据库见表4.5，读者可以尝试使用这些数据库检索和获取文献。

表4.5　一些常用的开放获取数据库

类型	开放数据库	链接
开放获取期刊论文	Open Access Library	https://www.oalib.com
	Directory of Open Access Journals	https://www.doaj.org
	Socolar	https://www.socolar.com
	Open J.Gate	https://www.openj.gate.com
	J-STAGE	https://www.jstage.jst.go.jp
电子预印本	Research Square	https://www.researchsquare.com
	arXiv预印本文献库	https://arxiv.org

电子预印本指研究人员在正式同行评审之前就在公开的网络平台上发布的研究成果。这些预印本根据不同的归属平台也可以划分为金色OA或绿色OA的范畴。例如，arXiv是一个常见的属于绿色OA的电子预印本平台，研

究人员可以在论文正式出版之前将自己的研究成果上传到arXiv上与其他人共享。电子预印本的优势在于挂网速度快，同时具有独立的识别号和版权保护。因此，近年来电子预印本受到越来越多的重视。

4.3.1.4 开放获取优缺点

开放获取的实现在技术方面已不存在问题，其优缺点也较为明显（表4.6）。相较于传统模式，OA文献的可见性更高，能为学术信息的传播和争鸣提供便利，扩大研究成果的影响力，但OA文献的质量目前良莠不齐，需要注意甄别。

表4.6 开放获取的优缺点

名称	描述
优点	消除了传统订阅模式下的访问限制，全球范围内的读者可无限制地访问，促进了知识的传播和共享； 提升了作者的学术影响力和学术声誉
缺点	作者需要承担出版费用，这对于某些研究者和机构来说可能会增加负担； 部分低质量或伪科学内容更容易被发布，需要更加严格的同行评审机制和开放期刊管理制度等来保证研究的可信性和科学性； 涉及到版权许可的问题，作者和出版方需要在共享内容的使用和转载方面进行明确的规定，以避免版权纠纷

4.3.2 订阅出版模式

订阅出版模式（subscription）是一种传统的出版模式。在这种模式下，文献的出版成本由期刊、出版商或协会承担，作者不需要支付费用。同时，作者会与出版商签署版权转让许可协议，将发表文献的版权转让给出版商。在此基础上，读者需要通过图书馆、公司、机构或个人订阅的方式来访问和下载这些文献。

4.3.3 混合出版模式

混合出版模式（hybrid OA）是将新兴开放获取和传统订阅模式相结合的一种出版模式。在这种模式下，一些过去采用订阅出版的期刊现在也提供开放获取选项。作者在论文发表时可以自行选择是否开放获取。对于读者而言，这种期刊中的一部分论文是开放获取的，而另一部分需要订阅才能获取。混合出版模式的文献获取费用由读者或作者承担，目前许多传统订阅型期刊开始向这种模式转型。

4.3.4 三种出版模式对比

表4.7中对比了上述三种出版模式的一些特征，旨在帮助读者更好地理解它们之间的区别。

表4.7 三种出版模式对比

特征	开放出版	订阅出版	混合出版
文献发表费用	作者支付发表费用（APC）	期刊、出版商或协会承担	文献以订阅或开放获取模式发表，具体费用与出版模式对应
访问费用	任何人都可以自由、无限制地免费获取	图书馆、公司、其他机构或个人订阅付费	文献以订阅或开放获取模式发表，具体费用与出版模式对应
版权归属	作者通过知识共享许可，不同许可证有不同版权归属	由期刊、出版商或协会持有版权	文献以订阅或开放获取模式发表，具体版权归属与出版模式对应
范围	所有的文献均为开放获取	不发表开放获取文献，但可能有一些其他免费文章	文献以订阅或开放获取模式发表

> 💡 思考题
>
> 1. Scopus与ScienceDirect的使用方法及它们的主要区别是什么？
> 2. 简述Web of Science的主要功能及使用方法。
> 3. 谈谈你对IF和h-index的看法。
> 4. 开放获取期刊与非开放获取期刊的异同点是什么？
> 5. 已知参考文献的作者、题目、期刊名、出版年、卷（期）、页码、DOI号，可以通过哪些方法获取该文献pdf格式的全文？

第5章

文献管理

科技写作过程中通常要面对海量文献，桌面和文件夹管理难度大，文献引用时手动编辑烦琐、易出错，而文献管理软件可以解放双手，一键解决文献管理和引用等问题。因此，掌握文献管理软件的使用技巧是科研人员的必备技能。本章将展示一些常用的文献管理软件，并详细介绍文献管理软件 NoteExpress 和 Zotero 的使用方法。

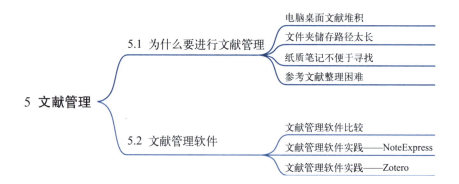

5.1 为什么要进行文献管理

时代的发展和网络的普及使得纸质文献逐渐被电子文献取代，文献管理方式也由最初的卡片式管理逐步发展为今天的电子管理，但随着科研工作的不断深入，收集的文献越来越多，科研人的烦恼也随之而来（图5.1），具体如下。

① **电脑桌面管理文献**：容易导致文献堆积、杂乱无序，管理的文献数量有限。

② **文件夹管理文献**：文献储存路径太长，寻找起来比较烦琐。

③ **纸质笔记**：散乱难以整理，并且寻找起来困难。

④ **参考文献整理困难**：手动编辑参考文献非常费时，且容易导致格式不规范。同时，改投期刊时一般需要重新排版参考文献。

有鉴于此，文献管理软件使用得越来越广泛，其通常集文献检索、导入、整理及导出等功能于一体，从而能帮助用户高效管理和快速引用文献。大部分文献管理软件还兼具添加附件、文献查找、文献统计分析等功能，让用户从手工编辑与管理文献的繁重工作中解脱出来，极大地提高工作效率。

图5.1 文献管理存在的一些烦恼

5.2 文献管理软件

5.2.1 文献管理软件比较

文献管理软件的功能大同小异，表5.1列出了一些常见的文献管理软件及其特点。其中，**EndNote 难以自动生成题录**；NoteFirst 的数据资源库较少；Mendeley 分类功能较差，综合表现不及 NoteExpress。**总的来看，NoteExpress 和 Zotero 功能较为全面，且支持网页信息抓取**，能满足初学者的整体需求，故本章以这两款文献管理软件为例，展开详细的使用介绍。

表5.1 常见文献管理软件及特点

软件	免费	自动生成题录	内置PDF阅读器	支持中文参考文献	联机文献检索
EndNote			√	√	√
NoteExpress		√		√	√
zotero	√	√	√	√	√
NoteFirst	√	√	√	√	√
Mendeley	√	√	√		

5.2.2 文献管理软件实践——NoteExpress

NoteExpress 的主要功能包含数据收集、管理、分析和引用，相较于下文介绍的另一个文献管理软件——Zotero，**其最大的特点是对中文文献的友好性更强**，有多种中文期刊的格式模板，一般不会出现中文文献乱码的问题。**文献管理软件的使用一般遵循软件下载安装、新建数据库、分类目录、文献收集、全文下载、文献管理、文献引用的顺序**，本节对 NoteExpress 的操作实践也将按照此顺序展开。

5.2.2.1 软件下载安装

从 NoteExpress 的官网 http://www.inoteexpress.com 获取安装包，其下载界面如图 5.2 所示，点击【免费下载】，个人用户选择【个人标准版】，即可完成下载。下载界面还附上了该软件的官方教学视频，可以点击【教学视频】进行观看学习。

图5.2　NoteExpress下载界面

安装完成后运行软件，注册账号即可使用，NoteExpress主程序界面如图5.3所示，其界面的布局主要包括五大板块。

图5.3　NoteExpress运行界面

① 工具栏：汇集 NoteExpress 常用功能按钮以及快速搜索框。

② 文件夹栏：展示当前打开数据库的目录结构，NoteExpress 支持建立多级文件夹结构。

③ 标签栏：展示当前数据库中题录含有的标签，并可以通过标签快速筛选文献。

④ 题录列表栏：展示当前选中文件夹内存储的题录，题录是 NoteExpress 管理文献的基本单位，由文献的元数据信息、笔记和附件三部分构成。

⑤ 题录预览栏：快速查看和编辑当前选中题录的元数据信息、综述、笔记、附件、预览引文样式和在电脑中的位置。

5.2.2.2 新建数据库和分类目录

NoteExpress 首次运行时系统会自动生成示例题录数据库。进一步的使用需要点击工具栏的【主菜单】.【文件】，然后再点击下拉菜单中的【新建数据库】，选择保存位置，即可建立新的数据库。建立个人数据库后，根据研究的需要可以为数据库建立分类目录。进一步，可右键点击分类目录，创建子文件夹，实现树状管理，具体效果如图 5.3 文件夹栏所示。

5.2.2.3 文献收集

文献管理软件一般是通过文献和书籍的条目即题录进行管理，NoteExpress 提供了多种导入方法，本书将介绍本地文件导入、在线检索导入、格式化文件导入三种方法。

（1）本地文件导入

该方法可将用户储存在电脑上的文献导入 NoteExpress 进行管理。导入本地文件的方式有以下两种。

① 文件夹导入：在 NoteExpress 主界面右键点击目标题录的文件夹，点击【导入文件】.【添加目录】，选择需要导入的文件和题录类型即可实现文献导入。

② 拖拽导入：在电脑文件夹中选择需要导入的文献，左键按住鼠标不放，直接复制至 NoteExpress 的目标文件夹，即可完成文献导入（图 5.4）。

文献导入 NoteExpress 后，软件的智能更新功能会自动补全题录缺失的信息。题录信息如有缺漏可以右击目标题录，点击【在线更新】.【自动更新】.【应用更新】即可进一步更新补充，如遇到软件无法自动补全的信息可以手动编辑输入。

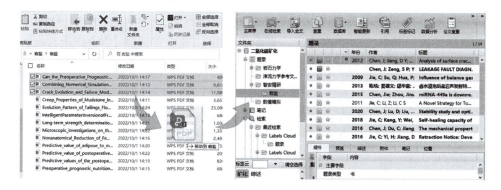

图5.4　NoteExpress文献拖拽导入

（2）在线检索导入

NoteExpress内置有丰富的数据库，用户可以直接在该软件进行全网文献检索。具体步骤为：点击【在线检索】.【选择在线数据库】，选择所需数据库（此处以中国知网为例），输入检索条件，点击【开始检索】，然后勾选所需题录，保存到目标文件夹即可完成文献在线检索导入（图5.5）。

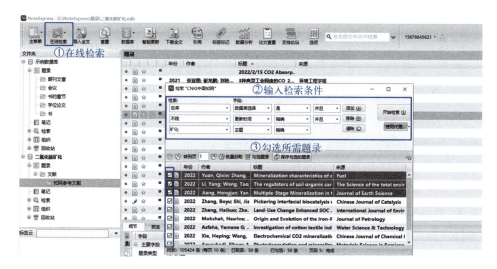

图5.5　NoteExpress在线检索导入文献

（3）格式化文件导入

文献数据库通常具备将检索结果格式化导出的功能，不同的文献管理软件支持特定的导入格式，常见的格式有NoteExpress、Endnote、RIS、Refworks、GB/T 7714—2015等。以中国知网为例介绍格式化文件导入步骤：在数据库中搜索需要的文献，点击【导出】，导出格式选择【NoteExpress】，在文献导出格式界面点击【复制到剪切板】，接着打开NoteExpress，右键点击需要导入的文件夹，点击【导入题录】按钮，过滤器选择【NoteExpress】，最后点击【开始导入】即可（图5.6）。

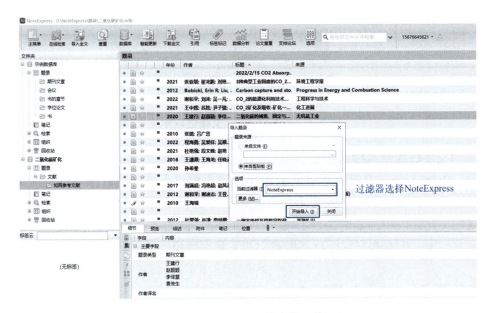

图5.6 NoteExpress格式化文件导入

5.2.2.4 全文下载

从文献数据库导入的题录，只有基本的题录信息，没有原文。对于需要阅读全文的题录，可以使用NoteExpress的批量全文下载功能，下载速度快且原文会自动与题录匹配保存，之后便可直接在NoteExpress阅读文献全文。具体步骤为：选择好需要下载全文的题录，点击工具栏【下载全文】，然后选择全文数据库，点击【确定】，NoteExpress便会自动下载全文（图5.7）。

5.2.2.5 文献管理

NoteExpress可以对导入的数据进行本地检索、删除重复题录、文献分析、标签标记等操作。

① **本地检索**：点击工具栏的【在全部文件夹中检索】，输入检索条件，即可在数据库内部进行文献检索。

② **删除重复题录**：点击工具栏的【查重】，然后输入检索条件，系统会高亮显示重复题录，接下来便可对重复题录进行删除操作（图5.8）。

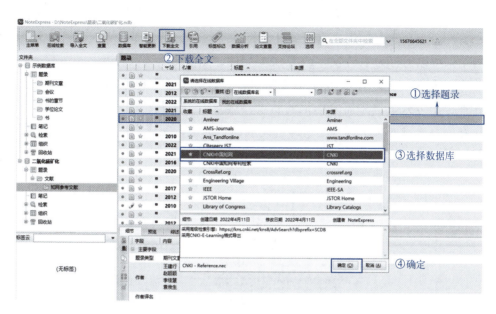

图 5.7　NoteExpress 全文下载

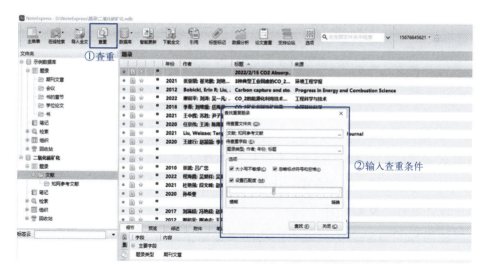

图 5.8　NoteExpress 删除重复题录

③ **文献分析**：NoteExpress可以对文献库进行统计分析，直观展示研究领域的热点。具体步骤为：鼠标右键点击需要进行文献分析的文件夹，选择【文件夹信息统计】，输入需要统计分析的字段、数量，即可完成分析。分析的结果可以另存为TXT文本或者CSV文件，以供后续调取查看。

④ **标签标记**：NoteExpress支持星标、优先级（彩色小旗）以及标签云三种标记方式，选中需要标记的题录，然后点击工具栏的【标签标记】，选择好标签、输入文字标签之后即可完成标签标记，完成之后用户可以根据标签标记查找和管理同类文献（图5.9）。

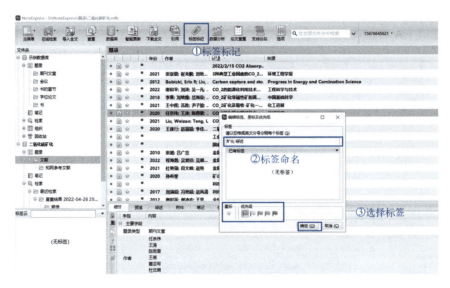

图5.9 NoteExpress标签标记

⑤ **笔记**：选择需要做笔记的题录，点击题录信息栏中的【笔记】，可以直接记录笔记。如果需要插入手写笔记图片、表格、公式等较为复杂的信息，点击【打开新窗口记录笔记】即可进行高级笔记编辑（图5.10）。

5.2.2.6 文献引用

使用NoteExpress的文献引用功能需提前下载好Microsoft Office Word/WPS Office插件。光标停留在文档需要引用的地方，返回NoteExpress主页，选择插入的引文，点击Word/WPS工具栏的【NoteExpress】.【插入引文】，即可生成文中引文以及文末参考文献索引，同时生成校对报告。如果需要切换为其他参考文献格式，点击【格式化】按钮，选择好样式之后系统将自动更新参考文献（图5.11）。

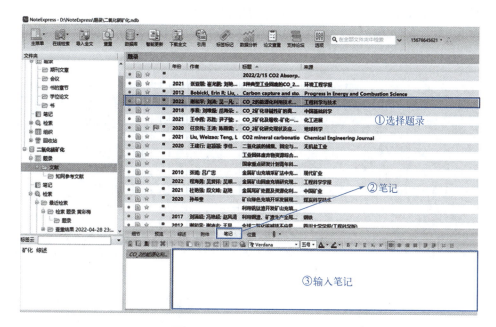

图 5.10　NoteExpress 笔记

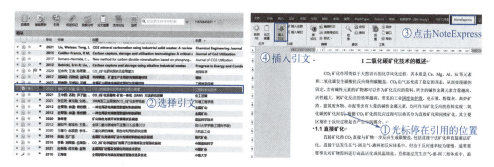

图 5.11　NoteExpress 文献引用

5.2.3　文献管理软件实践——Zotero

Zotero 是一款免费的文献管理软件，其文献抓取功能十分强大，使用起来也非常方便，强烈推荐使用。接下来对其主要功能进行实操介绍：软件下载安装、新建分类、文献导入、文献引用、文献同步。

5.2.3.1　下载安装

打开 Zotero 的官网 https://www.zotero.org，软件安装界面如图 5.12 所示。点击【Download】，下载 Zotero 安装包并在电脑上安装软件。Zotero 通常需配合Firefox、Chrome、MS Edge等浏览器使用。下面以MS Edge浏览器安装Zotero插件为例：点击【Install Edge Connector】可为浏览器安装拓展程序，用来抓取当前网页中的文献题录，并自动下载文献全文。

图5.12　Zotero软件和浏览器插件安装

5.2.3.2　新建分类

Zotero运行界面主要分为四大板块，分别是工具栏、文件夹栏、题录列表栏以及题录预览栏，各个板块功能与NoteExpress相似，在导入文献之前需要建立储存文献的"容器"——新建分类。具体操作步骤为：点击【我的文库】，右键选择【新建分类】，命名之后即可完成新建，文件夹可以存放不同类型的文件，如书籍、文章、文献、网页等。与NoteExpress类似，右键点击新建的文件夹，选择【新建子分类】，可以建立下一层级的文件夹（图5.13）。

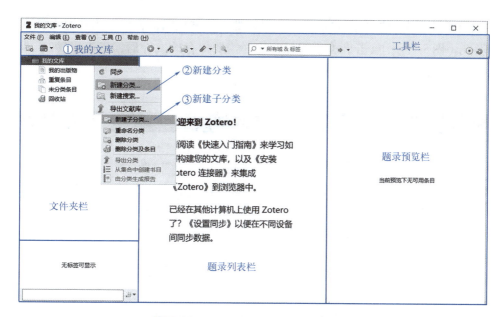

图5.13　Zotero运行界面及新建分类

5.2.3.3　文献导入

建立好分类之后即可向文件夹中导入文献，本书主要介绍以下三种文献导入方法。

（1）从网页抓取

找到需要导入的文献、书籍资源后，点击插件栏的【Save to Zotero】。

① 如果页面的搜索结果是单一文献，如一篇论文或一本书，插件栏的图标将显示为白色文件形式（图5.14）。**在Zotero打开的情况下，点击该白色图标即可将当前的单一文献信息添加到Zotero当前文件夹目录中。若当前页面可以获取全文，Zotero则会自动下载全文并保存至相应条目的附件中。**

图5.14　Zotero网页导入单篇文献

② 如果页面搜索到的是多个结果，那么插件栏图标将显示为黄色文件夹形式（图5.15）。点击该黄色图标，选择需要保存的文件后，点击【OK】即可保存到Zotero中。

图5.15　Zotero从网页导入多篇文献

（2）PDF文献导入

打开电脑上保存文献的文件夹，将PDF文献拖动到Zotero题录列表栏（操作类似图5.4），然后点击【重新抓取PDF的元数据】即可自动获得文献信息，题录预览栏中将显示标题、作者、出版社、日期等文献信息（图5.16）。

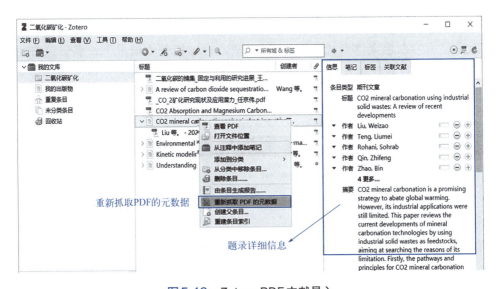

图5.16　Zotero PDF文献导入

（3）通过标识符添加

Zotero可以通过国际标准图书编号（ISBN）、数字对象标识符（DOI）等添加条目。操作方法为：在软件初始界面点击【通过标识符添加条目】，输入ISBN/DOI/PMID/arXiv ID/ADS条码，点击回车搜索完成后即可添加文献（图5.17）。

图5.17　Zotero通过标示符添加文献

5.2.3.4　文献引用

一般在下载Zotero时系统会自动安装Word引用插件（图5.18），如若没有则需自行去官网插件列表下载。按钮1用于文章中引用文献：将光标放至论文需要引用文献的位置，点击该按钮，初次使用时会弹出Zotero文档首选项对话框，选择好参考文献样式之后点击【OK】。若列表中没有想要的引文

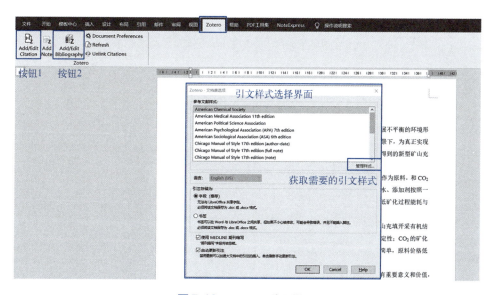

图5.18　Zotero引用界面

样式，则可点击【管理样式】获取需要的引文样式。接着会弹出期刊输入对话框，输入你要投稿的期刊，选中后按下回车键即可完成引文样式的导入。按钮2用于文章结尾生成引文目录：在参考文献部分点击该按钮，Zotero就会自动生成参考文献目录。

5.2.3.5 文献同步

科研人员往往会使用多台设备办公，这就导致文献会保存在不同的设备，使用起来十分不便。Zotero的文献同步功能支持用户将文献保存至云端，登录账号后即可在不同设备同步文献。但文献同步免费储存空间有限，更大的空间和更多功能需要付费使用。

> 💡 思考题
>
> 1. 利用软件管理文献的意义是什么？
> 2. 简述常用文献管理器（如NoteExpress、Zotero）的主要功能及使用方法。

第6章

文献阅读

在进行科技论文的选题和写作前,文献阅读是必不可少的环节。下载文献后,科研工作者需要系统地进行阅读,文献阅读时需要掌握阅读方法和技巧,包括阅读顺序、阅读重点和读后思考等。本章将提供一套包含文献选择、文献阅读等一体的阅读方法,以一篇中文期刊论文为案例,详细剖析工程领域期刊论文的阅读技巧。

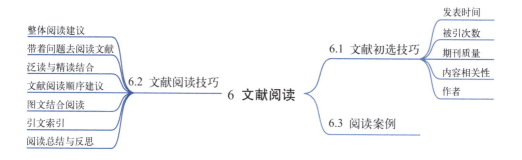

6.1 文献初选技巧

通过前面文献检索章节的学习,相信大家能很容易地获得大量文献,若精读每篇文献将耗费大量时间和精力,此时我们需要选择相关性强、质量高的文献进行深入阅读,而对于一般性论文,可以进行泛读。文献选择时需要考虑多个因素,详见表6.1。

表6.1 文献选择相关因素

因素	说明
发表时间	除经典文献外,通常选择近5年发表的文献进行阅读,以掌握最新研究动态
被引次数	被引频次比较高的论文,通常学术价值也较高
期刊质量	好期刊的论文质量整体较高
内容相关性	通常由题目和摘要就可判断文献是否与自己的研究方向相关
作者	通常行业专家发表的论文具有良好的可读性

6.2 文献阅读技巧

对许多初学者来说,文献阅读是一件非常痛苦的事。时常有学生读完论文后不知所云,更有阅读时昏昏欲睡的学生。那么,该如何高效阅读科技论文呢?下面将提供七个文献阅读技巧供大家参考。

(1)整体阅读建议

先读综述类文献,再读研究型文献:综述类文献通常是对某一领域/方向研究的高度总结,涉及范围广泛,具有一定科普性,可以帮助我们对研究领域/方向有整体上的认识,并快速了解其研究进展。需要提及的是,除综述类文献外,**硕士论文、博士论文的绪论部分通常也有细致的文献综述**。

先读中文文献,再读外文文献:在对研究方向有了整体认知之后,建议阅读相关的经典文献以及近三年的中文文献,以深入了解该领域的研究进展。以此为基础,可以提高阅读外文文献的效率和积极性,进而有助于更全面、深入地理解研究方向。

重视文献整体阅读:很多科研新手会因为文献阅读中的一个难点就产生畏难情绪,严重打击阅读兴趣,导致阅读进展缓慢。对看不懂的地方可以上网查找解决方法、询问导师、查阅书籍等。事实上,对于不能解决的问题,可以暂时放在那里,随着学术水平的提升,之前认为晦涩难懂的问题可能就会茅塞顿开。

(2)带着问题去阅读文献

在阅读文献时,需要明确阅读的目的和所需了解的内容,以问题为导向进行阅读。具体而言,可以参考以下6个要点进行阅读:

① 对于初涉某个领域的文献,需要了解其研究背景和意义;

② 了解文献要解决的问题和创新点；

③ 了解文献的研究方法，若需要重现该工作或开展类似工作，可能还需查阅引用的文献；

④ 分析文献的研究结果是否具有创新性成果，学习文献如何展示与描述的；

⑤ 研读文献的讨论内容，包括与前人结果的差异、提出的解释模型、潜在的研究方向等；

⑥ 总结该研究的贡献和存在的不足。

（3）泛读与精读结合

阅读目标不同，阅读的细致程度也不同，可分为泛读、概读、通读、精读（图6.1）。

① 泛读：指快速浏览文献，获取主要信息的阅读方式。泛读时通常会关注标题、图表、摘要和结论中的重点信息。这种阅读方式适用于快速了解文献内容，判断其是否与自己的需求相关。

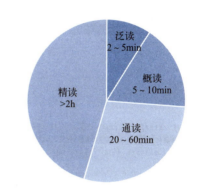

图6.1 不同文献阅读方式常用时间

② 概读：指有目的地查找并阅读特定信息的阅读方式。概读时通常会使用关键词、索引和目录等工具快速定位需要的信息，这种阅读方式适用于寻找某个具体问题的相关内容。

③ 通读：指阅读文献的全文，理解其研究内容的阅读方式。通读时通常需要阅读每一个句子，理解作者的观点和论证过程，对文献具有初步的自我认识与评价。

④ 精读：指对文献进行仔细分析、解读和评价的阅读方式。精读时需要关注文献的细节和表达方式，探究文献的语言、逻辑和研究方法等。这种阅读方式适用于对重要文献、复杂理论等进行深入分析。

总之，泛读、概读、通读和精读体现了阅读的不同层次。在实际应用中，我们应根据自己的需要和目的选择合适的阅读方式。

（4）文献阅读顺序建议

采取合理的文献阅读顺序可以使阅读更有针对性和系统性，提高文献阅读效率和准确性，节省时间和精力。同时，文献具有一定的逻辑性和体系性，按照一定的阅读顺序能够更好地理解和把握其论述。

本书建议按照标题→摘要→结论→引言→图表→研究结果→讨论→实验/

理论方法→参考文献的顺序展开阅读（图6.2）。其中，对于简单的实验/理论方法可以在阅读图表前进行阅读，而对于较难的实验/理论方法可以先概读，再遵循本文建议的顺序阅读。

① 标题：文献标题通常会提供一些基本信息，例如研究主题、对象和方法等。

② 摘要：通过摘要可以了解文献的主要内容、研究方法、结果和结论等，以决定是否需要进一步阅读。

③ 结论：通过结论可以了解作者对于研究问题的总结、归纳和分析，以及对这些结果可能产生的影响。

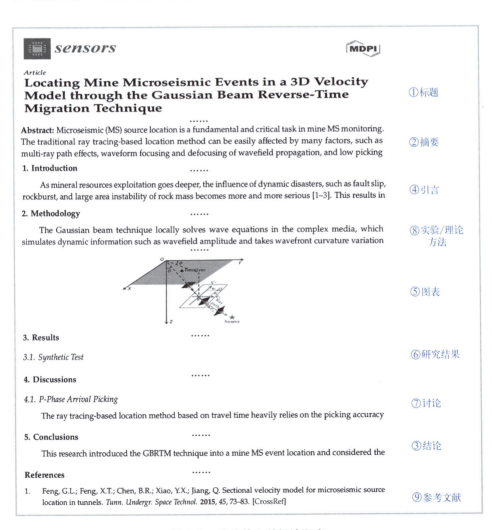

图6.2　建议的文献阅读顺序

④ 引言：通过阅读引言，可以了解研究的背景意义、前人的研究、存在问题等。

⑤ 图表：其通常是研究结果最直观的表达方式。通过阅读图表，可以快速了解实验/理论模型的数据和结果以及数据分析的过程。

⑥ 研究结果：该部分是一篇文献的核心，通过这一部分可以了解实验/理论模型的具体结果和分析过程。

⑦ 讨论：其是文献的重要组成部分，通过阅读讨论可以了解实验结果的解释、与其他研究的比较以及对未来研究的展望等。

⑧ 实验/理论方法：该部分通常包括具体的实验设计理论建模、实验（模型）操作步骤、数据采集、数据处理和统计分析等内容。通过阅读，我们应总结出研究采用了哪些方法、工具和技术，以及这些方法如何用于解决问题，这有助于我们理解研究的过程和研究结果的可靠性。此外，我们还可以从中学习和借鉴研究方法和技术，以应用于自己的研究中。

⑨ 参考文献：该部分其实是文献非常重要的一部分，它可以帮助我们了解作者是在哪些已有研究基础上进行的研究，同时也可以帮助我们快速找到相关文献以更深入地了解这一领域的研究进展。此外，参考文献还可以帮助我们验证文献中所引用的数据和事实的可靠性。

（5）图文结合阅读

在阅读文献时，初学者常常会为遇到大量的文字叙述和专业术语而感到头疼和疲惫。常言道"一图胜千言"，图表可以帮助我们快速了解文献的主要内容，提高阅读效率和理解深度。因此，在阅读文献时，建议先查看图表，以快速掌握其主要信息。

对图中看不懂或者非常有趣的地方，可以在正文中寻找文字说明，这样阅读效率更高，同时理解更深入。例如，图6.3展示了岩石试样位移加载曲

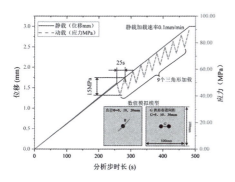

图6.3　图文结合阅读案例

线，我们仅仅通过查看曲线就能了解其加载方式。如果有需要，可以回到正文查看具体信息。

（6）引文索引

引文索引可以提供与该篇文献相关的其他文献信息，包括施引文献和被引文献。通过跟进这些文献，可以快速获取相关的研究成果，避免研究"撞车"。

（7）阅读总结与反思

文献阅读后除了要理解研究内容和创新点，还需要进行总结、反思和记录，以便日后查看、温故知新，为科技写作提供重要素材。总结和反思可以结合以下几个方面展开（图6.4）。

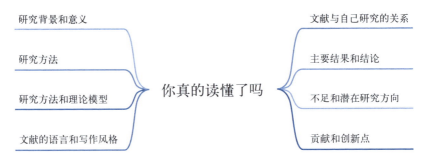

图6.4 文献总结与反思

6.3 阅读案例

一篇完整的科技论文通常需要具备以下基本结构：标题、作者署名、作者所在单位、基金来源信息、收稿和修稿日期、摘要、关键词、引言、正文、讨论（中文文献一般没有，英文文献一般有）、结论、致谢、注释、参考文献。下面以论文《浅埋近距离煤层开采超前煤柱群冲击失稳机制》为例，说明文献各部分该如何有效阅读（图6.5）。

第48卷第1期　　煤　炭　学　报　　Vol.48 No.1
2023年　1月　　JOURNAL OF CHINA COAL SOCIETY　　Jan. 2023

浅埋近距离煤层开采超前煤柱群冲击失稳机制

冯国瑞[1,2],朱卫兵[3],白锦文[1,2,4],余　丹[3],谢建林[3],李　竹[1,2]

(1.太原理工大学 矿业工程学院,山西 太原　030024;2.太原理工大学 矿山岩层控制及灾害防控山西省重点实验室,山西 太原　030024;3.中国矿业大学 矿业工程学院,江苏 徐州　221116;4.山西焦煤集团有限责任公司 博士后工作站,山西 太原　030024)

收稿日期:2022-10-20　　修回日期:2022-12-06　　责任编辑:郭晓炜　　DOI:10.13225/j.cnki.jccs.2022.1513

基金项目:国家自然科学基金青年科学基金资助项目(52004171);国家自然科学基金面上资助项目(52174125);国家杰出青年科学基金资助项目(51925402)

作者简介:冯国瑞(1976—),男,山西阳城人,教授,博士生导师。E-mail:fguorui@163.com

通讯作者:白锦文(1990—),男,山西柳林人,副研究员,硕士生导师。E-mail:baijinwen629@sina.com

摘　要:工作面前方遗留煤柱群(后文简称"超前煤柱群")在采动影响下会发生链式冲击失稳,诱发动载矿压灾害并影响下伏煤层的安全高效开采。揭示超前煤柱群链式冲击失稳机制是浅埋近距离煤层安全开采的根本前提。本文实测分析了元宝湾煤矿房式采空区下伏6107工作面开采的覆岩移动规律,发现了超前煤柱群的回弹变形现象,开展了房式采空区下伏煤层开采的物理模拟实验,研究了房采煤柱群-覆岩的变形破坏特征,分析了采动影响下超前煤柱群回弹冲击失稳的动态过程,揭示了浅埋近距离煤层开采超前煤柱群的冲击失稳机制。结果表明:① 浅埋柱采区近距离下伏煤层开采过程中工作面前方覆岩呈现出"先短暂回弹后剧烈下沉"的运动特征,即首先存在极短时间的覆岩回弹变形现象,之后出现了部分覆岩的整体破断与垮塌。由此,反推出采动影响下超前煤柱群也发生了回弹变形。② 柱式采空区下伏煤层开采过程中关键柱在覆岩沉降和超前支承压力的作用下最早出现斜切破坏,引起载荷的转移,加剧邻近部分房采煤柱群的应力集中程度,进而发生链式斜切破坏。在此过程中,覆岩持续沉降,裂隙也不断发育,形成剪切贯通断裂面,发生破断回转,促使超前煤柱群回弹变形与冲击失稳,引发层间岩层的全厚切落,带动更大规模房采煤柱群的链式失稳,并造成下伏工作面动压灾害的发生。③ 浅埋近距离下伏煤层开采"煤柱群-覆岩"的失稳垮塌过程可以细分为:关键柱斜切破坏阶段、关键柱邻近部分煤柱群破坏阶段、超前煤柱群回弹冲击失稳阶段、覆岩垮塌与层间岩层切落致灾阶段。④ 浅埋近距离煤层开采超前煤柱群冲击失稳是"煤柱群回弹变形"与"覆岩联动垮塌"共同作用且互馈影响的动态过程。该研究可以解释柱式采空区下伏近距离煤层开采超前动载矿压的显现原因,有望为超前动载矿压的预测和控制提供理论指导,并进一步保障近距离煤层群的安全绿色高回收率开采。

关键词:关键柱;煤柱群;回弹变形;冲击失稳;岩层切落;动载矿压

柱式采空区下伏煤层在晋陕蒙等地的许多矿区广泛分布[1-3]。受上覆遗留煤柱群的影响,浅埋近距离下伏煤层开采会出现不同程度的强矿压显现现象,主要有[4-6]:① 矿压强度增大、层间岩层切落失稳、覆岩联动失稳剧烈;② 支架工作阻力瞬间增大、立柱下缩剧增、安全阀和密封圈损坏、乳化液喷射、局部压架或端面漏矸;③ 煤壁片帮与炸帮;④ 地表裂缝增多,并呈现大范围台阶下沉;⑤ 老采空区积水和有害气体下泄等。

掌握采场应力分布规律与覆岩结构演化特征是揭示柱式采空区下伏煤层开采强矿压显现机理的基本前提。国内外研究学者分析了柱式采空区下伏煤层开采的矿压显现规律[7-8],确定了超前支承压力影响下柱式采空区遗留煤柱保持稳定的临界弹性核宽度[9],得到了采动影响下遗留煤柱发生突变失稳的必要条件[10],发现柱式采空区房采煤柱群的失稳次序表现为"开切眼上方房采煤柱发生朝向采空区的对角斜切破坏→工作面上方房采煤柱发生朝向采空区的对角斜切破坏→采空区中部房采煤柱出现垂向压裂破坏"的动态迁移特征[3,11];分析了柱式采空区遗留煤柱的数量对层间岩层应力集中范围的影响[12-13],确定了柱式采空区下伏煤层开采顶板的承

因篇幅限制,省略部分文字内容

动载矿压的科学防控。然而,尚未关注采动影响下遗留煤柱群链式失稳诱发的覆岩超前破坏问题,这也是下伏近距离煤层安全高效开采的重要制约之一。因此,亟需深入揭示采动影响下煤柱群链式失稳诱发覆岩超前联动破坏的机制。

笔者监测分析了山西元宝湾煤矿房式采空区下伏6107工作面开采的覆岩移动规律,发现了超前煤柱群的回弹变形现象,开展了浅埋房式采空区下伏煤层开采的相似模拟实验,研究了房采煤柱群-覆岩变形破坏特征,分析了采动影响下超前煤柱群回弹冲击失稳的动态过程,揭示了浅埋近距离煤层开采超前煤柱群的冲击失稳机制。

1　浅埋近距离煤层开采超前煤柱群回弹变形现象

1.1　浅埋近距离煤层开采覆岩移动监测方案

山西元宝湾煤矿6号煤埋深约为150 m,平均厚度为3.5 m,倾角4°~8°,平均6°。6107工作面煤层采用一次采全高长壁后退式开采,推进长度为500 m,工作面长度为240 m[2,6]。6号煤上覆为3号煤和4号煤房柱式采空区。结合旧采资料与现场实际勘测结果,发现柱式采空区遗留煤柱的宽度为4~7 m,采空区的宽度为4~6 m。6107工作面煤层及顶底板综合柱状如图1所示。

因篇幅限制,省略部分文字内容

1.2　浅埋近距离煤层开采覆岩移动变形规律

10号钻孔内部岩移测点在距6107工作面前方47 m时布置完毕。在此基础上,实测不同推进距离各测点覆岩的移动变形曲线,如图4所示。

(1)在工作面距离10号钻孔相对位置约29 m时,各测点的下沉量未发生变化,说明对应覆岩未发生明显的相对运动。

因篇幅限制,省略部分文字内容

1.3　浅埋近距离煤层开采超前煤柱群回弹变形现象

根据2019-08-12T14:20:00左右10号钻孔监测到的覆岩变形数据,绘制成如图5(a)所示的曲线,可以进一步看出:

(1)在14:20:10—14:20:15短短6 s内,3个测点对应的覆岩均发生了"先短暂回弹后剧烈下沉"的变化,如图5(b)所示。

2　浅埋近距离煤层开采煤柱群-覆岩变形破坏特征

为了进一步阐释房式采空区下伏6107工作面开采强矿压致灾的原因,开展了二维相似模拟试验,进

2.1　相似模拟实验设计

结合试验矿井地质资料和煤岩赋存情况,选取长×宽×高=1.2 m×0.12 m×0.58 m的二维模型架来开展相似模拟实验。根据相似模拟理论[23],确定该模

图6.5

第6章

深入理解实验的开展，了解实验方法的特点和操作流程，提高实验方案的设计水平，增强实验结果的表述能力

因篇幅限制，省略部分文字内容

2.2 煤柱群-覆岩破坏特征 实验现象

当工作面推进距离小于 50 m 时，基本顶下沉量较小，裂隙发育不明显，直接顶未出现明显垮落现象。

2.3 覆岩沉降运动规律 实验结果

本节将选取 4 号煤上覆 KS2 亚关键层和 6 号煤上覆 KS1 亚关键层，定量化研究房式采空区下伏煤

3 浅埋近距离煤层开采超前煤柱群回弹冲击失稳过程 结果分析

根据关键柱失稳诱发煤柱群链式破坏和覆岩联动垮塌的失稳特征，后文对"煤柱群-覆岩"的破坏过程进行了概化(图 13)，来描述浅埋近距离煤层开采超前煤柱群回弹冲击失稳的动态过程。具体地，该过程可以细分为四大阶段：

3.1 关键柱斜切破坏阶段

6 号煤工作面推进到一定距离时，4 号煤采空区一个房采煤柱由于层间岩层沉降和超前支承压力的叠加影响，承担了相别于其他邻近煤柱更高的压应力值，更容易发生早期失稳，将其视为关键柱。一旦外部载荷超过自身的抗压强度，关键柱就会最早出现对角裂纹，发生斜切破坏，如图 13(a) 所示。因此，称该

结果分析：本文献分析了“超前煤柱群回弹冲击失稳”的过程，将其分为了四个具体阶段，并对每个阶段的受力和破坏过程进行了描写

结果分析是作者展示研究成果和学术创新的重要部分之一，我们通过其可以更容易理解文献的研究成果，并为自己的研究工作提供启示

因篇幅限制，省略部分文字内容

3.2 关键柱邻近部分煤柱群破坏阶段

关键柱斜切破坏会逐渐丧失承载能力，原本由其承担的覆岩应力发生了转移，再加上超前支承压力的

3.3 超前煤柱群回弹冲击失稳阶段

关键柱及邻近部分煤柱群的斜切破坏会诱发覆岩裂隙持续发育、扩展与贯通，使得断裂面左右岩块

因篇幅限制，省略部分文字内容

3.4 覆岩垮塌与层间岩层切落致灾阶段

超前煤柱群的回弹变形与冲击失稳会加速覆岩联动破坏的持续发展。先期破断的覆岩块体发生垮

4 浅埋近距离煤层开采超前煤柱群回弹冲击失稳机制 研究结果（提出新机制）

浅埋近距离煤层开采超前煤柱群冲击失稳经历了"煤柱群回弹变形"与"覆岩联动垮塌"共同作用且互馈影响的动态过程。

最初，"关键柱"斜切破坏启动后，局部区域部分房采煤柱群会在"覆岩自重载荷+转移分配载荷+超前支承压力"叠加作用下发生斜切破坏。此时，上位

研究结果（提出新机制）：本文献通过总结“开采煤柱群-覆岩变形破坏”的四个破坏阶段，形成一套创新的“超前煤柱群回弹冲击失稳机制”

5 讨　　论 研究讨论

(1) 超前煤柱群回弹变形现象与钱鸣高院士主编的《矿山压力与岩层控制》教材(第三版)第三章第七节和第五章第六节中所述的基本顶"反弹区-压缩区"原理有类似之处[26]。超前煤柱群回弹变形现象的发生是瞬间的，非常迅速且持续时间较短。

(2) "超前煤柱群冲击失稳"现象主要发生于浅埋柱式老采空区下伏近距离煤层开采条件。当下伏煤层开采层间岩层沉降和超前支承压力聚集叠加作用导致"关键柱斜切破坏"后，"超前煤柱群冲击失稳"才可能被活化。换而言之，"超前煤柱群冲击失稳"出现时，"关键柱斜切破坏"必然已经发生。因此，上述现象适用于"下伏煤层开采层间岩层沉降和超前支承压力聚集叠加作用能够诱发关键柱发生斜切破坏"所对应的层间距情形。除了层间距之外，"超前煤柱群冲击失稳"现象的发生与上位采空区遗留煤柱的宽度/高度/强度、层间岩层结构(是否存在关键层结构)、下部煤层采高、埋深等因素密切相关。后续研究需要定量化建立上述因素与"超前煤柱群冲击失稳"现象之间的关系。

(3) 从载荷传递与结构演化的角度，论述了浅埋近距离煤层开采超前煤柱群冲击失稳过程及其机制，尚未从能量的角度来解释"超前冲击失稳"与"释放和传递到开采区域的能量"之间的联系。后续研究拟结合数值模拟试验和现场微震监测的试验结果，来具体阐述上述条件下超前煤柱群冲击失稳的能量积聚与释放规律。

讨论：中文文献很少有“讨论”小节，本文献首先与钱鸣高院士的研究进行对比，从而肯定了本研究成果，同时在后文提出研究发展方向

文献讨论中各部分对读者的作用如下：

解释结果：让读者更好地理解结果产生的原因；

比较研究：让读者更清楚地认知文献的研究贡献；

引申结论：让读者可以更好地理解研究的意义；

研究局限性：帮助读者了解本研究的不足，鼓励读者进行更深入的研究

6 结　　论 研究结论分条

(1) 浅埋柱采区近距离下伏煤层开采过程中，工作面前方覆岩呈现出"先短暂回弹后剧烈下沉"的运动特征，即首先存在极短时间的覆岩回弹变形现象，之后出现了部分覆岩的整体破断与垮塌。由此，反推出采动影响下超前煤柱群发生了回弹变形。

(2) 柱式采空区下伏煤层开采过程中关键柱在覆岩沉降和超前支承压力的作用下最早出现斜切破坏，引起载荷的迁移，加剧邻近部分房采煤柱群的应力集中程度，进而发生链式斜切破坏。在此过程中，覆岩持续沉降，裂隙也不断发育，形成剪切贯通断裂面，发生破断回转，促使超前煤柱群回弹变形与冲击失稳，引发层间岩层的全厚切落，带动更大规模房采煤柱群的链式失稳，并造成下伏工作面动压灾害的发生。

(3) 浅埋近距离下伏煤层开采"煤柱群-覆岩"的失稳垮塌过程可以细分为：关键柱斜切破坏阶段、关键柱邻近部分煤柱群破坏阶段、超前煤柱群回弹冲击失稳阶段、覆岩垮塌与层间岩层切落致灾阶段。

(4) 浅埋近距离煤层开采超前煤柱群冲击失稳是"煤柱群回弹变形"与"覆岩联动垮塌"共同作用且互馈影响的动态结果。

结论：本文献总结了4条主要结论

首先，通过结论部分了解研究主题、背景和目的，然后掌握研究的主要结果。接着，理解具体的研究发现、数据分析和统计结果，以及结论部分中的展望。最后，重点学习本文献在理论、实践和方法等方面的突出特点

参考文献(References)：

[1] 冯国瑞，白锦文，史旭东，等. 遗留煤柱群链式失稳的关键柱理论及其应用展望[J]. 煤炭学报，2021，46(1)：164-179.

FENG Guorui, BAI Jinwen, SHI Xudong, et al. Key pillar theory in the chain failure of residual coal pillars and its application prospect [J]. Journal of China Coal Society, 2021, 46 (1): 164-179.

[2] 冯国瑞，朱卫兵，李竹，等. 浅埋深厚空底板煤柱群动态失稳机理及防治[J]. 煤炭学报，2022，47(1)：200-209.

FENG Guorui, ZHU Weibing, LI Zhu, et al. Dynamic collapse mechanism and prevention of shallow-buried pillar group underlying working seam floor in mined-out area [J]. Journal of China Coal Society, 2022, 47(1): 200-209.

[3] 朱卫兵，许家林，陈璐，等. 浅埋近距离煤层开采房式煤柱群动态失稳致灾机制[J]. 煤炭学报，2019，44 (2)：358-366.

ZHU Weibing, XU Jialin, CHEN Lu, et al. Mechanism of disaster induced by dynamic instability of coal pillar group in room-and-pillar mining of shallow and close coal seams [J]. Journal of China Coal Society, 2019, 44(2): 358-366.

[4] 许家林，朱卫兵，鞠金峰. 浅埋煤层开采压架类型[J]. 煤炭学报，2014，39(8)：1625-1634.

XU Jialin, ZHU Weibing, JU Jinfeng. Supports crushing types in the longwall mining of shallow seams [J]. Journal of China Coal Society, 2014, 39(8): 1625-1634.

参考文献：本文献共参考了27篇文献，与“浅埋近距离煤层和煤柱群”直接相关的文献共计7篇。可通过引文索引对此研究主题深入调研

通过阅读参考文献，可以了解研究的数据来源和具体实验方法，进一步验证研究结论的可靠性；阅读参考文献全文能深化对同一研究主题的理解和认识，以及其他研究者的观点和见解

图6.5　典型论文阅读案例

思考题

1. 科技论文阅读技巧有哪些？
2. 谈谈拿到一篇研究型论文，你将如何去阅读？

第7章

科技论文作图与排版

一张结构清晰的图片胜过千言万语,优质的论文不仅需要优质的内容,还需要具有良好的视觉效果。对于一篇高质量的论文,精美的图片能够提供独特的叙事视角来帮助读者阅读,良好的排版可以使论文看起来更加整洁和条理,进一步增加科技论文的可读性和论文投稿的接收率。因此,掌握科技论文的作图与排版技巧对于科技论文写作至关重要。本章主要讲解科技论文作图与排版的基本要求和规范,介绍常用的作图软件,并分享一些实用的作图和排版技巧与案例,以提高科技论文质量。

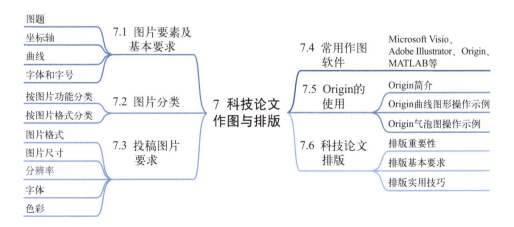

7.1 图片要素及基本要求

科技论文图片通常包括图题、坐标轴、刻度、数据、曲线、图示标注等要素（图7.1）。科技论文图片的基本要求见表7.1。总体来说，科技论文作图要求以简洁、美观的方式描述某一原理或展示数据结果，突出重点，避免不必要的重复。

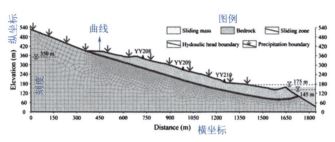

图7.1 科技论文典型图片构成

表7.1 科技论文作图的基本要求

要素	要求
图题	中文期刊论文通常给出图题即可，而英文期刊论文通常还会提供图片中符号等的说明，使读者通过图题就能理解图片的大部分内容
坐标轴	坐标轴通常由名称和单位两部分组成，要求刻度清晰且疏密合适
曲线	通过线型、符号和颜色来区分不同曲线，线条要求清晰分明，粗细合适，色彩兼顾黑白打印效果
字体和字号	字体美观，简约大方，字号以放在A4纸中能够看清为宜

7.2 图片分类

7.2.1 按图片功能分类

科技论文图片的种类繁多，按照图片功能分类主要包括示意图、实物图和数据图，其中数据图又包含柱状图、饼状图、散点图和折/曲线图等。

（1）示意图

示意图是一类用来大致描述物体特征、结构或者某一原理的图片，常见的原理示意图、模型结构图、技术路线图（图7.2）和实验装置图等都属于示意图，其特点是核心内容突出，图形简单明了，便于读者理解。

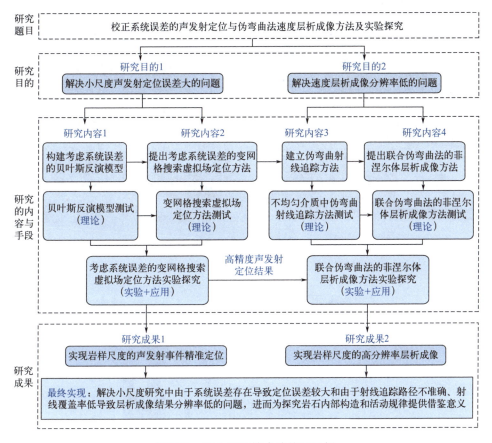

图7.2　硕士论文技术路线图示例

（2）实物图

实物图顾名思义就是利用实物照片向读者真实展现实验过程，可以是实验装置、设备、原料、人员等实物照片，通常会在实物照片中加一些标注帮助读者理解，图7.3为实物图示例。

（3）数据图

① 柱状图：是一种用来展示各种分类信息数据的可视化图表，通常由一系列竖直或水平矩形条组成，每个矩形条的长度或高度表示相应类别的数值大小，能够比较清晰地反映数据的分布情况及不同分组之间的差异，堆叠柱状图还能够反映出系列的总和（图7.4）。柱状图通常在数据或分组较少的情况下使用，一般小于10个柱子。

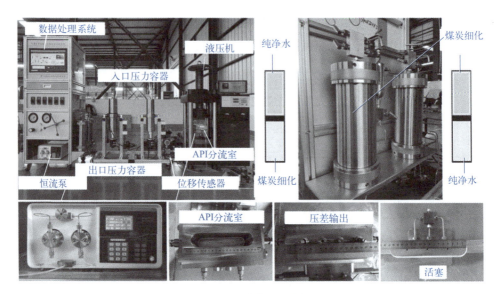

图 7.3 实物图示例

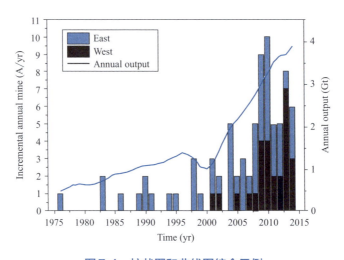

图 7.4 柱状图和曲线图综合示例

② **饼状图**：通常由一个圆形区域组成，圆形区域被划分为若干个扇形区域，能够清晰显示数据集中各项的多少或各项占总和的比例（图 7.5），既可以表示绝对量，也可以表示相对量。

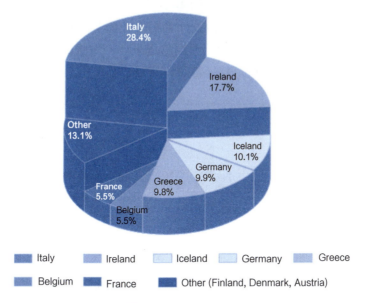

图7.5 饼状图示例

③ **散点图**：是由一些散点组成的图片，这些点的位置由其X、Y值（三维散点图还有Z值）确定。通过散点图可以考察数据点的分布，判断X和Y变量之间的关联或分布，有时据此选择合适的函数进行拟合。此外，还可以通过改变散点的形状、颜色、面积来表示更高维度的数据信息（图7.6）。其中，通过点的面积大小来反映第三变量的图形也被称为气泡图。

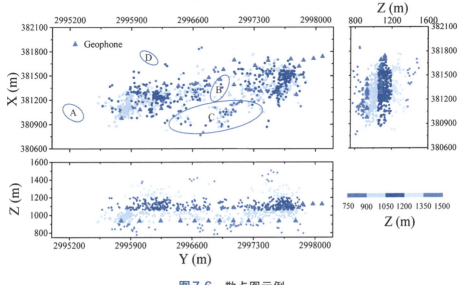

图7.6 散点图示例

④ 折/曲线图：常用来分析数据序列的变化趋势，也可用来分析多组数据序列的相互作用。在折线图中，数据的增减性、增减的速率、增减的规律（周期性、螺旋性等）、峰值等特征都可以清晰地反映出来（图7.7）。

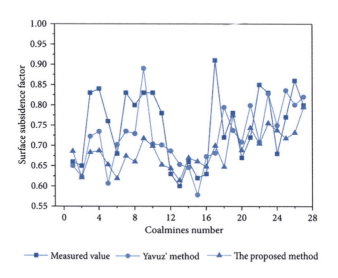

图7.7　折/曲线图示例

⑤ 数据类图形样式选择建议：数据类图形的种类多样，同一组数据如果采用不同的图形来展示，其表达的重点可能就非常不同了。了解每种数据类图形的特征，根据数据类型和分析目的选择合适的样式是科技工作者的必备技能，数据类图形样式选择建议如表7.2所示。

表7.2　数据类图形样式选择建议

图形	特征	关键词	图例
饼状图	通常呈圆形，再将圆划分成不同大小的扇形，通过扇形面积大小展示数据中不同成分所占比例	份额、百分比	

续表

图形	特征	关键词	图例
柱状图	通过长方形的高度或长度比较不同组之间的差异和相对大小。分组较少时使用柱状图；分组较多时使用统计分布直方图，也可使用折/曲线图	集中、频率、分布等	
折/曲线图	展示变量随时间或其他自变量的变化趋势，是描述实验数据和现象间交互关系的常见图形	增长、减少、上下波动或基本不变	
散点图	用于发现和表示数据中的孤立点、聚集区域和趋势，以及描述两个变量之间的关联程度	与……有关，随……而增长	

7.2.2 按图片格式分类

绘制完图形保存时通常会看到多种多样的图片格式，例如 jpg/jpeg、png、tif/tiff、eps 等，这些格式可分为位图和矢量图，不同类型的图片格式及其特点见表 7.3。

① **位图**：又称栅格图或点阵图，是由点（像素）按照横向和纵向一一排布而成的图片，其特点是放大后会看到像素点，图片会变模糊。处理位图时，输出图像的清晰度很大程度上取决于设置的图片分辨率。位图的优势在于可以展示内容丰富、形色逼真的场景，缺点是在保存时需要将像素的位置和相应颜色一一记录，占用的存储空间较大。位图常用的扩展名有 tif/tiff、jpg/jpeg、png、bmp 等。

② **矢量图**：也称为面向对象的图像或绘图图像，矢量图在数学上定义为一系列由线连接的点构成的对象。其特点是在进行放大、缩小和旋转等操作

时图像都不会失真，图像清晰度与分辨率无关。矢量图的优点是占用的存储空间小、清晰度好；其缺点在于展示丰富的场景时，需要使用大量的资源，使得其很难展现丰富的效果。矢量图常用的扩展名有 eps、AI、pdf、dwg 等。

表7.3 常见图片格式比较

图片格式	后缀名	简介	优点	缺点	同张图片300dpi占用空间比较
位图	tif/tiff	一种灵活的位图文件格式	图像效果好，内容丰富，通用性强，期刊投稿常用	格式结构较为复杂，兼容性较差	气泡图.tif TIF 文件 213 KB
	jpg/jpeg	最常用的位图文件格式	色彩保真效果好，对照片图像适应性好	有损压缩，会产生迭代有损	气泡图.jpg JPG 文件 630 KB
	png	一种无损压缩的位图文件格式	压缩比高，生成文件体积小，图像清晰，可做成半透明的图片或无背景透明图片	较旧的浏览器和程序可能不支持png文件	气泡图.png PNG 文件 132 KB
	bmp	Windows操作系统中的标准位图文件格式	采用位映射存储格式，图像丰富且清晰	占用存储空间很大	气泡图.bmp BMP 文件 7.80 MB
矢量图	eps	由PostScript文件和一个低分辨率PICT或TIFF代表像组成的综合矢量图片格式	可以包容位图和矢量图，色彩逼真	只有在PostScript输出设备上才能得到高分辨率的输出	气泡图.eps 封装的 PostScript 273 KB （注：未考虑分辨率）
	dwg	专用于AutoCAD的矢量图片格式	AutoCAD对线条类图像可编辑性强	格式转换较为困难	数据类绘图一般不使用AutoCAD

位图和矢量图的对比见表7.4。位图和矢量图间最大的区别在于放大后图片清晰度是否发生改变。两者之间可以进行转换，矢量图转换成位图可以有很好的效果和很高的清晰度，但位图转矢量图的效果和清晰度不太好。向期刊投稿时，位图常用的扩展名为 tif/tiff、jpg/jpeg 和 png，矢量图常用的扩展名为 eps 和 pdf。

表7.4 位图、矢量图对比

名称	位图	矢量图
构成	像素阵列	矢量线条和色块
色彩	丰富	比较丰富
内存	占用存储空间较大	占用储存空间较小
特性	放大后失真，图片质量和分辨率有关	放大后不失真，图片质量和分辨率无关
放大相同倍数效果		

7.3 投稿图片要求

不同期刊对论文图片的要求不尽相同，无统一标准，在投稿前应认真研读目标期刊投稿的图片要求，以避免后期多次改图和修稿。表7.5展示了期刊对图片尺寸、分辨率、字体、色彩的一般要求。需要提及的是，实际投稿字号大小以放到A4纸中能看清楚需要展示的内容为宜，对具体字号的要求并不严格。**为防止论文修改时图片文字大小、曲线色彩、图注等需要调整，强烈推荐使用Adobe Illustrator编辑矢量图，再输出需要的图片格式。**

表7.5 科技论文投稿图片要求

名称	要求
图片格式	期刊一般要求图片格式为tif/tiff、jpg/jpeg或png
图片尺寸	期刊双栏图片宽度一般为8～9cm，单栏图片宽度一般为17～19cm
分辨率	科技论文投稿位图分辨率通常选用300dpi即可，也有一些期刊要求图像分辨率为600dpi
字体	中文常用宋体，英文常用Times New Roman或Arial字体
色彩	简洁美观，颜色区分性明显，一些期刊只接受黑白系列图片

7.4 常用作图软件

作图软件种类繁多，许多新手在作图时可能会对此感到眼花缭乱，不知该作何选择或者压根不知道有某款作图软件。为此，表7.6对常用的科技论文作图软件进行了总结，以满足大家日常作图需求。

表7.6 科技论文常用作图软件简介

软件名称	简介	功能	图例
Microsoft PowerPoint	微软公司推出的演示文稿软件，是Microsoft Office办公软件套件中的一个组件	操作简易并且有大量专业级的模板可以参考，为快速绘图提供了完美起点	
Microsoft Office Excel	微软公司推出的数据处理软件，拥有出色的数据简易处理和图形绘制功能	不需要编程基础就能绘制出良好的图形，尤其对二维图形表现优异	
Microsoft Visio	Windows操作系统下运行的流程图软件，是Microsoft Office软件的一个组件	可用于流程图、工程图、思维导图、科学插画、平面布局图等的绘制，运用十分广泛	
Adobe Photoshop	Adobe Systems开发的图像处理软件，主要处理以像素所构成的数字图像	科技论文图形处理时主要用于图像修剪、色彩调整等，切记不可用于修改实验数据	

续表

软件名称	简介	功能	图例
Adobe Illustrator	一款专业矢量图形设计软件	广泛应用于广告设计、印刷出版、海报书籍、插画绘制、图像处理、PDF文档、WEB页面等图形设计	
MATLAB	MATLAB是一款商业数学软件，用于数据分析、无线通信、深度学习等领域	可将向量和矩阵用图形表现出来，还能对图形进行标注和打印。高层次作图包括多维可视化、动画和表达式作图等	
Mathematica	Mathematica是一款科学计算软件，很好地结合了数值和符号计算引擎、图形系统、编程语言等	编程代码简单，默认出图漂亮，自定义性好，支持常见类型的画图，图形优化容易	
Python	Python是一种广泛使用的解释型、高级和通用的编程语言	绘图库丰富，绘图功能强大，需要一定编程基础	
Origin	Origin系列软件是美国Origin Lab公司推出的数据分析和制图软件	支持多种格式的数据导入，包括ASCII、Excel等。默认图形漂亮，图形输出格式多样，操作简单	

① Microsoft PowerPoint作为一款专业的演示文稿制作工具，在科技论文写作过程中也常用来绘制图表和插入图片。PowerPoint界面简单直观，易于上手，图形和图片选择丰富，具有快速建立流程图和组织结构图等智能图形功能，可以帮助用户快速地制作出各种漂亮、清晰的图表。此外，用户还可以通过添加动画等方式，使图表更加生动有趣。

② Microsoft Office Excel 是一款非常强大的电子表格软件，在科技论文写作过程中广泛应用于数据处理、图表制作和数据可视化等方面。它支持多种数据类型，如字符、数值、日期等，并拥有丰富的绘图功能，包括柱状图、折线图、散点图、饼状图等。Excel 还支持数据透视表和条件格式等高级功能，可以帮助用户更加清晰地展示数据。

③ **Microsoft Visio 是一款专业的流程图与矢量图软件**，提供丰富的图形符号库、模板和工具，可轻松地创建、编辑和共享各种类型的图表，图形自适应性较强。Visio 主要用于制作流程图、组织结构图、网络拓扑图、平面设计图、楼层平面图等。在科技论文中，使用 Microsoft Visio 可以制作清晰明了的流程图和示意图，展示复杂的数据和实验过程。此外，Visio 提供了一些高级功能，如智能连接器、数据可视化、图表样式、颜色主题等，这些功能可以极大地提升制图的效率和美观度。

④ Adobe Photoshop 是一款流行的图像处理软件，可用于创建、编辑和修饰图片。它支持多种功能，如调整颜色和对比度、更改图像大小和分辨率、移除和添加图像元素和纹理等。Photoshop 还提供了各种滤镜和效果，以及丰富的图层和蒙版功能，可以极大地增强图片的视觉效果。此外，Photoshop 还包含了数千种漂亮的模板、速成按钮和多种完整的工具集，可以帮助用户快速地创建出优秀的设计作品。

⑤ **Adobe Illustrator 是一款专业的矢量图形处理软件，对 eps、pdf 等矢量图编辑适应性特别好**，可以创建、编辑和设计各种类型的矢量图形，如图标、标志、插图、海报、产品包装等。支持自定义形状和文本，自由调整画布大小。此外，Adobe Illustrator 提供了众多工具和功能，如路径、颜色、渐变、筛选器、效果、阴影等。这些功能可以帮助用户轻松地创建复杂的图形，并使其看起来更具真实感和专业性。

⑥ 一些较复杂的数据或图形，需要使用到 MATLAB、Mathematica、Python 等软件编程来实现绘图，这些软件的使用需要具备一定的编程能力，建议选择其中一种软件进行学习即可。

⑦ **Origin 是一款广泛用于科学研究的专业数据分析和绘图软件，不需要编程便可实现科技论文中绝大部分图形的绘制**，拥有丰富的绘图模板，支持生成多种类型的图形，如折线图、条形图、散点图、箱形图等，其生成的初始图形就比较精美，用户可以根据需要自定义图形风格、轴标签、图例、颜色方案等，**非常适合新手学习**。接下来对 Origin 进行重点介绍。

7.5 Origin 的使用

7.5.1 Origin 简介

Origin 作为 Origin Lab 公司旗下的通用科技绘图和数据分析软件，是国际科技出版界公认的标准作图软件，也是科学和工程研究人员的必备软件之一。Origin 主要功能如图 7.8 所示，其除了强大的数据作图功能外，还可进行统计分析、信号处理等操作。

图 7.8　Origin 主要功能

Origin 作图定位于基础级和专业级之间，对新手友好的同时也能满足高阶用户的需求，出图漂亮，支持多种作图，典型案例如图 7.9 所示。接下来对 Origin 的使用技巧进行介绍。

7.5.2 Origin 曲线图形操作示例

Origin 绘图主界面如图 7.10 所示，二维曲线作图主要包括数据导入、图形绘制、图形调整以及图形导出等步骤。

① **数据导入**：运行 Origin，可将数据直接复制粘贴到数据表中，或者点击菜单栏的【Data】. Origin，其支持多种类型数据的导入，用户可根据需要自行选择，本节以导入 Excel 数据为例，点击【Connect to File】导入数据，点击数据类型列表的【Excel】导入数据文件，然后就能在工作表中看到刚导入的数据了。

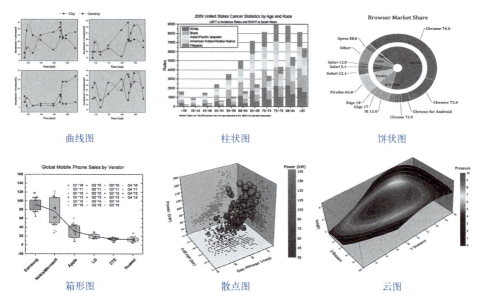

图7.9 Origin作图典型案例

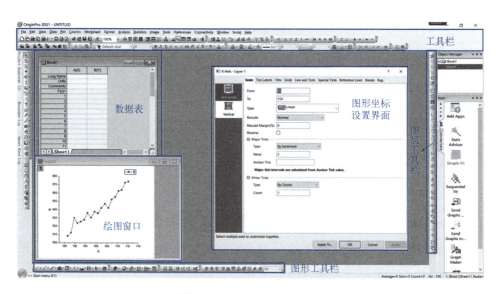

图7.10 Origin操作界面

② **图形绘制和调整**：选中数据表中的数据，点击菜单栏的【Plot】、【Basic 2D】，或点击下方工具栏的图标，选择要绘制的图形样式，例如散点图、折线图、柱状图、饼状图等。以折线图为例，点击【Line + Symbol】即可自动生成图形。双击坐标轴可以对坐标轴进行修改，双击图形任意位置可

以对图形的颜色、形状和大小进行设置，当数据点密集时可以通过【Drop Lines】忽略部分点的显示。

③ **图形导出**：图形绘制完毕之后点击菜单栏的【File】.【Export Graphs】，设置好图形的类型、名称、储存位置等信息之后，点击【OK】即可完成保存（图7.11）。Origin支持导出eps、gif、jpg、tiff、bmp等常见格式的图片，并且可设置图片分辨率。柱状图、饼状图等其他二维图形和上述绘图过程基本一致。

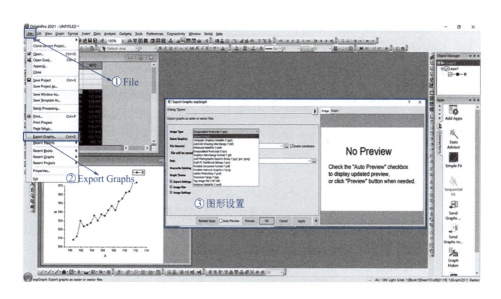

图7.11　Origin图形导出界面

7.5.3　Origin气泡图操作示例

① **数据导入**：点击菜单栏的【Data】.【Connect to File】.【Excel】，将各列命名，Width和Length限定了散点的位置，Mass决定散点的尺寸，Type表示数据分组（图7.12）。

② **初步绘制气泡图**：选择数据表中的前三列数据，点击鼠标右键，再选择弹出菜单栏的【Plot】.【Symbol】.【Bubble】（图7.12），生成的气泡图如图7.13所示。

③ **图形调整**：为了让气泡之间区分得更加明显、图形更加美观，还需要对图形做进一步的调整。双击任一气泡，出现【Plot Details】弹窗，在【Symbol】中设置好参数：气泡的形状、尺寸、边缘厚度、边缘颜色、填充

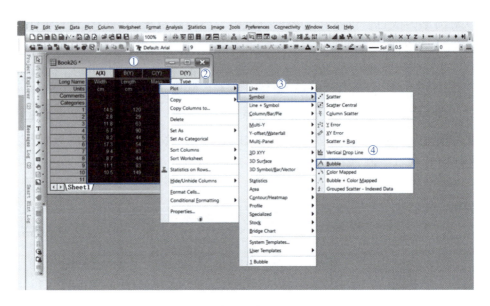

图7.12 初步绘制气泡图操作界面

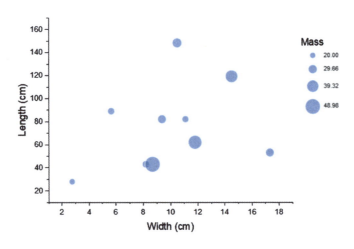

图7.13 初始气泡图

颜色及透明度等。【Size】决定单个气泡的尺寸大小,【Scaling Factor】则是用于调整所有气泡占据画面的比例大小。本示例选择的参数如图7.14所示。为了区分不同类别的数据,可以用不同颜色的气泡加以区分,【Symbol Color】部分选择【By Points】.【Map】.【Col(D):"Type"】,得到图7.15所示的图形。

图 7.14　图形修饰操作界面

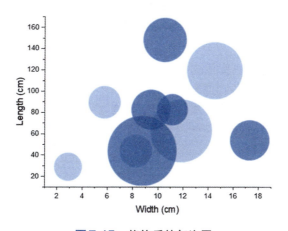

图 7.15　修饰后的气泡图

④ **修改坐标轴**：双击图形中的坐标轴，出现坐标轴设置的弹框，进入【Scale】选项卡，按照图 7.16 所示设置横、纵坐标的参数。点击【Title】选项卡，分别选择【Left】和【Bottom】，在【Text】框中输入横、纵坐标名称和单位，并设置好字体格式。

⑤ **添加图例**：选择工具栏的【Graph】.【Legend】.【Categorical Values】，弹出对话后选择【Fill Color】和【Show All Categories】，点击【OK】（图 7.17）。图中将会出现图例，左键点击图例将其移动到合适的位置。右键点击图例，选择【Properties】还可以进一步修改图例的形状、颜色、名称等，最终得到的图形如图 7.18 所示。

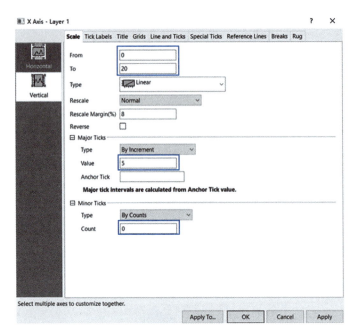

图7.16 坐标轴设置界面

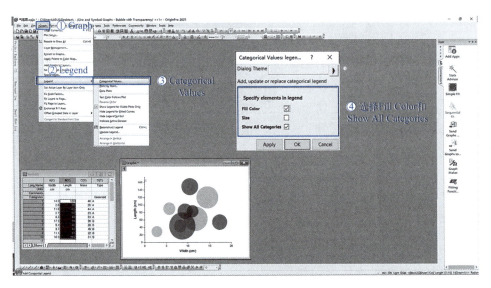

图7.17 添加图例操作界面

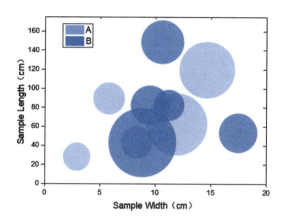

图7.18 气泡图最终效果

7.6 科技论文排版

7.6.1 排版重要性

首先我们来看看同一篇文档排版前后的对比（图7.19），可见两者存在较大区别。为满足投稿要求、提升期刊编辑和审稿人的可读性，科技论文排版必不可少，那么如何对科技论文进行快速、规范的排版呢？本节将对科技论文排版的基本要求和排版操作进行介绍。需要提及的是英文期刊对稿件排版通常没有严格要求，常使用单栏、1.5或2倍行距，图形、表格放在正文或文档最后均可，故本节排版介绍主要针对中文科技论文展开，而对英文期刊仅提供投稿模板。

7.6.2 排版基本要求

科技论文标题、署名、摘要、关键词、正文、参考文献等部分的格式通常差异性较大，排版时需要注意各部分的格式要求，除此之外还需注意页面设置、图表样式、计量单位格式等的要求。良好的排版能够增加科技论文的"颜值"，给期刊编辑和审稿人留下良好的第一印象，且论文格式美观与否也是很多审阅人评判论文作者态度是否认真、专业素养高低的标准之一。良好的科技论文排版应满足以下要求。

论文格式正确：保证论文的标题、正文、参考文献等格式的正确是最基本的要求，字体、字号、缩进等都需要注意。

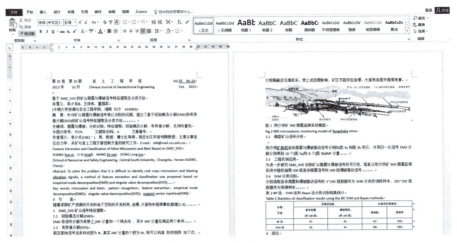

(a) 未排版的稿件

(b) 按照期刊要求排版后的稿件

图7.19 同一篇文档排版前后的效果

图片大小合适：图片大小应当适中，做到图文结合，图片通常紧随对应文字部分，便于读者阅读。

布局清晰有序：对各部分内容进行排版时，尽量做到层次分明。

版面易于阅读：科技论文要求严谨、科学，在进行版面设计时，段间距、行间距以及文字的大小等都需要进行调整。

然而科技论文排版常出现页眉和页码编排难以调节、图片显示不全、公式与文字纵向对不齐、参考文献序号调整费时等问题，接下来本书将在排版操作中为大家解答这些问题。

7.6.3 排版实用技巧

科技论文排版时，首先需要先前往投稿期刊查看《投稿须知》，通常许多期刊提供了稿件排版模板，例如图7.20给出的案例。清楚排版要求后，就可以对稿件进行排版了。有的期刊没有投稿排版要求和排版模板，此时可下载该期刊的几篇论文，排版后稿件版面整体与下载的论文一致即可投稿。

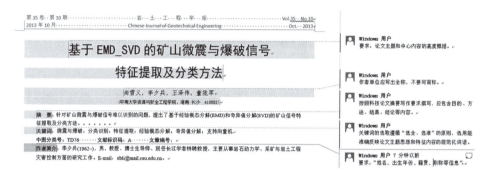

图7.20　科技论文排版范文

按照从整体到局部的原则，图7.21给出了常见科技论文排版的建议顺序：设置页面大小及页面边距；设置页眉和页码，必要时加入分隔符；设置分级标题、正文的字体以及段落行间距等；图片格式设置为嵌入式，表格采用三线表样式；使用交叉引用的方法标注参考文献；根据排版需要分栏。

图7.21　科技论文常规排版步骤

（1）页面设置

页面设置包括页面的大小、页边距等，通常选择A4纸即可，不同期刊对于页边距的要求可能不同。在【布局】中选择【页边距】即可调整页边距（图7.22）。

（2）页眉和页码设置

页眉的作用是显示文档的附加信息。对于科技论文来说，页眉的内容主要包括期刊名称、题名、卷期号、发表年月等。页眉和页码设置选项均可以在选项卡的【插入】功能中找到，进而可以进行设置（图7.23）。

图 7.22 页边距设置

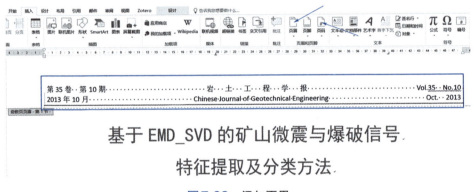

图 7.23 添加页眉

有的期刊论文每页页眉是统一的,有的期刊要求奇数页和偶数页的页眉内容不同,这时就需要在设计页眉格式时,勾选【奇偶页不同】(图 7.24),随后分别输入奇数页和偶数页的页眉文字内容。

在设置不同章节页眉时,先在每一章节的结尾处插入"连续分节符",并使下一章节内容跨页。鼠标放在下一章节,然后取消勾选【链接到前一条页眉】,再输入章节的页眉内容,即可得到需要的页眉。

页码的设置方式可参考页眉的设置方式。需要注意的是,毕业论文一般要求摘要到目录用一套页码,正文开始采用另一套页码。

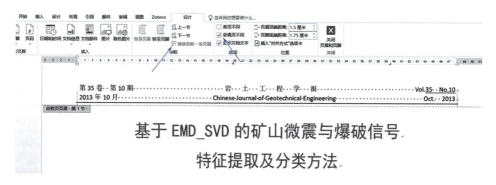

图 7.24　页眉内容奇偶页不同的设置方法

（3）标题和正文设置

在设置标题和正文格式的时候，很多同学喜欢逐一进行修改，这样的方式不仅效率低，而且后期修改比较费时，特别是毕业论文。一般来说，<u>首先需要设置论文标题的样式</u>：一级标题、二级标题、三级标题、正文（图 7.25）。排版时只需选中相应文字，再点击标题样式即可。后期各级标题文字、段落若需要修改，只需修改标题格式并进行更新即可，操作非常方便。正文格式多变，建议在设定样式下逐一修改正文格式。

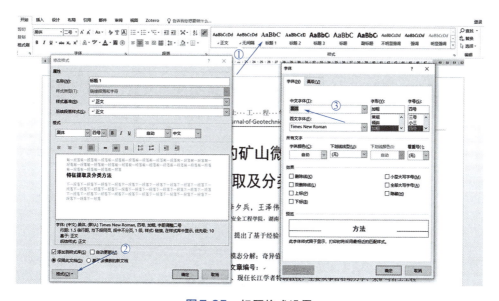

图 7.25　标题格式设置

采用多级标题的形式，一方面可以通过【导航窗格】直观地看到整个论文的框架，并进行快速定位；另一方面可以通过多级标题在【引用】选项中自动生成目录（图7.26）。

图7.26　查看全文分级标题

（4）图片和表格排版

在插入图片时，强烈建议将图片的格式设置为【嵌入式】，其他格式可能会存在前文内容更改后图片位置随意变化的情况。需要提及的是我们有时会遇到图片显示不完整的情况（图7.27），这是由于图片行间距设置成了固定值，选中图片将行距调整为单倍行距就可以显示完整图片了。

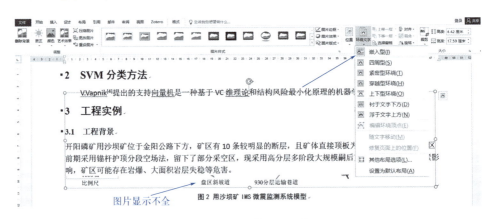

图7.27　图片显示不全

在设计表格样式时，一般采用三线表进行排版。三线表通常要求顶线、底线宽度为1.5磅，栏目线宽度为0.5磅，调整方式见图7.28，选中线宽和线条位置后点击【确定】即可。

第7章　科技论文作图与排版

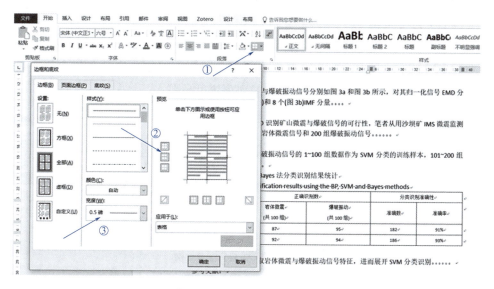

图7.28　三线表格式设置

（5）参考文献引用

一篇科技论文少则引用十几篇文献，多则上百篇文献。当使用序号编排时，常存在参考文献删减的情况，手动进行重新编号工作量大、容易出错。为回避上述问题，我们可以使用Word中的自动编号对参考文献进行编号，再在需要引用文献的位置，选用【交叉引用】实现文献引用（图7.29）。当参考文献的顺序发生改变时，只需要更新全文（先选中需要更新的区域，再鼠标右键选择更新域），正文中的引用序号就会更正过来。

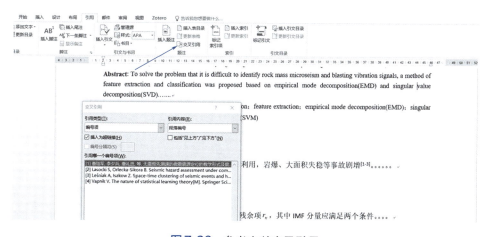

图7.29　参考文献交叉引用

(6) 分栏设置

一些期刊要求双栏排版，在选项卡的页面布局中，点击【分栏】.【双栏】（图7.30），即可实现分两栏。值得注意的是，我们需要先在待分栏内容前后添加【连续分节符】，否则会对多余的内容进行分栏。

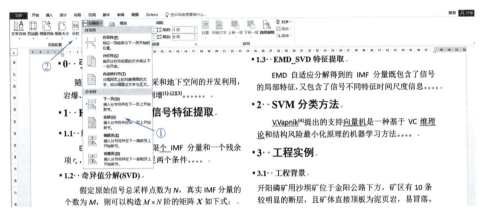

图7.30　页面分栏

> **思考题**
>
> 1. 科技论文作图的基本要求是什么？
> 2. 简述常用作图软件（如Origin）的主要功能及使用方法。
> 3. 科技论文排版有哪些实用技巧？

第8章

科技论文写作方法

前面的章节讲解了文献检索、科技论文阅读和作图等内容，相信大家已迫不及待地希望开始学习科技论文写作了。本章将首先讲解科技论文写作的基本方法和技巧。然后以典型论文为例，介绍研究型论文的结构、写作顺序、写作方法，以及综述型论文的结构和写作方法。

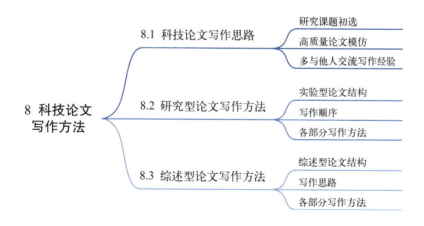

8.1 科技论文写作思路

科技论文写作的初学者，可以通过模仿前人的选题和写作方法，以实现快速成长。"模仿"不等同于"抄袭"，模仿指的是学习该领域选题技巧与写作惯例，例如论文的结构、各部分内容的占比、作图风格、文字表述方式等。接下来从研究课题初选、高质量论文模仿、学术交流等方面展开讲述。

8.1.1 研究课题初选

科技论文撰写的目的是在科学研究的基础上，将研究成果以书面的形式表达，使他人可以了解相关的科学知识。对于科学研究，确定合适的选题是第一步，初学者切忌选题太泛。事实上，对于一篇研究型论文，只需要解决某项具体问题或者其中一小点就可以了。图8.1列出了常见的论文选题来源与原则，具体说明如下。

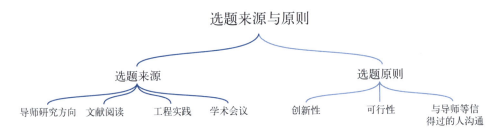

图8.1 论文选题来源与原则

（1）选题来源

① 导师研究方向：导师在一些研究领域具有深厚的积累，可以为学生提供选题方面的指导，也方便学生后续向导师请教以及与课题组融入。

② 文献阅读：文献阅读是科研工作者的主要选题来源，特别是独立科研工作者。需要在对前人研究阅读分析的基础上，总结现有的不足，提出适合自己的研究选题。

③ 工程实践：许多选题来源于工程，深入工程实践并凝练出选题是非常有意义的。一些"拍脑袋"想出来的工程问题需要与工程人员多交流，以免做出来的研究没有意义，或者做完了再寻找一个不太相关的研究背景，这是本末倒置的。

④ 学术会议：参加学术会议可以即时了解行业动态，可能发掘出一些选题。

（2）选题原则

追求创新固然是学术研究的一大重要目标，但作为科学研究新人，选题难度需要适宜，并控制好选题大小。选题过大，会容易"点到为止"，没有核心论点。需要提及的是，选题是一个动态的过程，在此期间可能由于选题被他人提前发表、课题做不出来等原因，而改做其他课题。

通常我们需要对研究课题的创新性、可行性以及自身适合性等进行充分研判，以选择出适合自己的研究课题。当然，动起来做事比这也不合适那也不合适好得多，大家可以在做的过程中不断调整研究方案。

① **创新性**。可以尝试对潜在选题做进一步文献检索或与导师等专业型人才讨论，以验证选题的创新性。

② **可行性**。选题的可行性也是前期必须要考虑到的一个因素，可以通过撰写可行性方案等梳理研究思路，判断实验设备、研究手段等是否可行。

③ **与导师等信得过的人沟通**。可以将选题汇报给导师，或与信得过的人沟通，探讨所选课题是否值得研究、可行性如何等。

8.1.2 高质量论文模仿

当我们在研究课题上做出一定成果后就可以着手撰写论文了，科技论文是其他研究学者了解我们研究进展的重要途径。因此，科技论文需要简洁明了地体现研究成果。但是科技论文写作是一个不断积累的过程，对于初学者来说直接写出一篇优秀的科技论文是比较困难的，高质量论文模仿为快速写出一篇合格的科技论文提供了一种重要途径。不同论文就像不同的老师，其教学风格、水平、理念各有千秋，可以将高质量论文看作优秀的老师，我们能从中学到好的论文写作结构、思路、图表制作、文字描述等。

（1）什么是高质量论文

高质量论文的判断准则一定程度上取决于个人文献阅读的积累与学术修养。通常来说，一篇论文的期刊级别、被引量、阅读量、下载量、作者学术水平等，可以从较大程度上反映论文的质量（图8.2）。

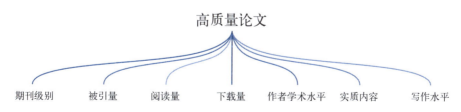

图8.2 高质量论文筛选需要考虑的常见因素

需要注意的是，并非所有发表在高级别期刊上的论文都是高质量的，一般期刊上也有许多经典论文，在选择模范论文时我们需要重点考虑论文的实质内容与写作水平。

（2）如何模仿高质量论文

① 模仿之前，先确定自己大体要写什么。在模仿他人论文之前，先要有自己的思考、列出大纲。只有在明白自己大体要写什么之后，才能找到好的模仿对象。

② 筛选出 2~3 篇可模仿的高质量论文。可以参照图 8.2 所示高质量论文的筛选方法，选择 2~3 篇论文进行重点模仿。不一定要选同一研究方向的论文，因为我们模仿的不是论文的具体内容，而主要是写作的结构、思路、作图等。

③ 研读拟模仿论文的写作方法。当你仔细研读一些论文后就会发现，许多论文遵循相似的规则，摸清这些规则对于科技论文写作是大有裨益的。

④ 在模仿的基础上自我思考。在模仿的同时可以思考怎样写这一部分会更好，这部分写哪些内容会更加合理，图形如何美化，等等。

8.1.3 写作经验交流

在学习了高质量期刊论文的写作方法后，我们还应多与他人交流。在大多数人的科研学习道路上，导师就像是迷雾中的一座灯塔，他们不仅可以帮助我们发现论文存在的不足和问题，还能帮助我们完善写作方法和内容。

研究生导师通常具有较高的科研水平和丰富的科技论文写作经验，是初学者认真学习和请教的主要对象。同时，导师们希望学生"青出于蓝而胜于蓝"，在与学生交流的过程通常愿意将知识倾囊相授。因此，把握好每次与导师交流的机会至关重要，主动寻找一些交流机会也是必要的。除了导师，我们还可以多向课题组的同门请教（特别是有高质量论文发表经验的师兄师姐们），许多问题他们就能帮助我们解决，而且大家年龄相仿交流起来也容易。

8.2 研究型论文写作方法

研究型论文的主要内容是围绕某一个（些）问题，给出解决问题的研究方法和研究结果。在研究型论文中，实验型论文占有重要比重，其次是理论方法型论文。实验型论文是以实验为主要研究手段，发现新的研究现象和结论或系统论证某观点的一类论文，具有较为固定的结构模式。理论方法型论文与实验型论文最大的区别在于，其研究方法部分主要为理论推导和新方法提出，理论功底和编程能力要求更高。下面**以实验型论文为例**，向大家介绍研究型论文写作方法。

8.2.1 实验型论文结构

实验型论文的主体常见结构如图8.3所示，包括引言、研究方法、结果、讨论与结论五大部分，具体说明如下。

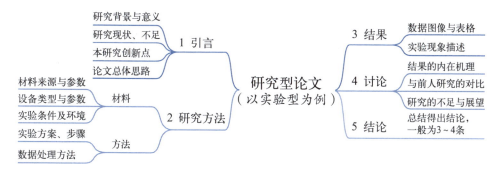

图8.3 实验型论文主体常见结构

① **引言**：为什么做？已经做了什么？存在什么不足？你要做什么？

研究型论文强调创新性与学术价值，需要在引言部分阐述该研究的背景与意义，提出创新点，展示论文的思路，做到开门见山。

② **研究方法**：你是怎样展开研究的？

对于实验型论文，需要清楚地阐述实验材料和方法，向读者介绍得出数据和结果的手段与方式，用实验事实来证明结果的科学性、真实性和可重复性。

③ **结果**：你发现了什么？

数据必须准确、客观，使用图表能更生动、科学地表达自己的发现。

④ **讨论**：对结果解释、与他人的比较等。

讨论部分通常需要提出模型解释得出结果的合理性；与前人的研究结果作出对比，说明与自己研究的异同；还可以说明本研究的不足与后续研究的展望。

⑤ **结论**：由结果得出的结论，方便读者了解论文的贡献。

8.2.2 写作顺序

论文的写作顺序与版面顺序通常并不完全相同，版面顺序更贴近读者的阅读理解习惯，而写作顺序则更多地是贴近我们写作的舒适度。不同的人思维方式、写作习惯不同，写作顺序也会不同。考虑到由整体到部分、由简单到困难，建议大家将实验型论文写作拆分为四个阶段进行（图8.4），具体说明如下。

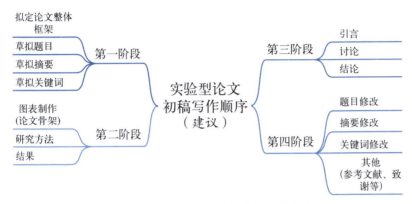

图8.4 实验型论文初稿的建议写作顺序

（1）第一阶段

第一阶段的目的是明确写什么、怎么写。

① 拟定论文整体框架：论文框架决定着整篇论文的走向，把握好框架才能使论文逻辑和内容环环相扣，形成一个有机的整体。

② 草拟题目：题目是对整个研究方向的定调，当拟出一个较为准确的题目后，写作才会有较好的凝聚度，而不是东写一下、西写一下。

③ 草拟摘要：草拟摘要可以帮我们梳理研究需要解决的问题、研究方法、结果结论等大体内容，以降低正文写了某些内容大幅删减的概率。

④ 草拟关键词：关键词一般比较好写，主要是方便他人检索到我们的论文，可以先草拟几个。

（2）第二阶段

① 图表制作：图表是论文的精华所在，整篇论文写作都可以说是围绕图表展开的，图表相当于论文的骨架。图形需要优先绘制，具体写作时根据需要调整图形细节，切记不可修改数据。

② 研究方法：研究方法通常在实验设计时就差不多定下来了，写作起来比较简单，描述清楚即可。

③ **结果**：研究结果的写作也多为描述，与研究方法部分相比撰写稍难，例如需要对实验现象规律等进行描述。

（3）第三阶段

① **引言**：有的作者习惯写完关键词后，就赶紧写引言，然而引言需要作者对研究领域非常的了解，且需要归纳总结，写作较为困难，需要的时间较长。因此，建议撰写完结果部分之后再写引言，这样引言的写作导向性也会更加明确。

② **讨论**：讨论部分通常要提出模型解释结果的合理性；与前人的研究结果进行对比，说明异同；还可以说明研究的不足与后续研究的展望。讨论部分可以称得上是论文写作路上的最大"拦路虎"，需要反复锤炼。

③ **结论**：在完成结果和讨论部分的撰写后，就可以开始结论部分的写作了，结论相当于是对结果与讨论的一个总结，写作起来比较简单，但是结论部分不能对摘要和结果进行照搬。

（4）第四阶段

完成上述三个阶段的写作后，我们对论文就有了更深层次的把握，这时再对草拟的题目、摘要、关键词进行修改能起到比较好的效果。不仅如此，好的题目、摘要与关键词，可以吸引更多的读者，有必要进行反复斟酌。

最后，对论文致谢和参考文献等进行整理以满足期刊投稿要求。在文献阅读与论文写作过程中合理使用文献管理软件，统一管理参考文献并进行人工核对，能节约大量时间、降低引用错误。

以上就是本书建议的论文写作顺序。**在初稿完成后，作者仍需要进行不断地修正**（图8.5），后续可以向导师、专业人士等寻求建议，做到精益求精。

图8.5　论文经历数十次修改示例

8.2.3 各部分写作方法

为了让大家更完整、流畅地学习到论文各部分的写作方法，下面将按照论文的版面顺序向大家介绍论文各部分的具体写作方法。

8.2.3.1 题目

通常读者第一眼看到的就是论文题目，读者可以通过题目对论文研究主题、大体方法等有直观的了解，决定是否继续阅读。论文的题目既需要吸引读者眼球，又需要体现全文中心思想，切忌无中生有，尽量将研究主题、研究对象、研究方法、创新性包含进去。论文标题应遵循以下基本原则（图 8.6）。

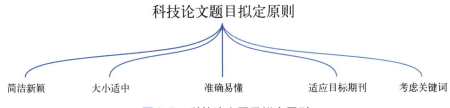

图 8.6　科技论文题目拟定原则

① **简洁新颖**：生动、简洁、新颖的标题往往能吸引到更多读者。国内论文的题目一般为 20 个字左右，最好不要超过 25 个字，外文期刊通常要求论文标题不超过 12 个词或 100 个字符。

② **大小适中**：题目不宜过大也不宜过小，可以添加一个小标题。题目过大会天马行空，过小会限制论文的受众范围。

③ **准确易懂**：题目需要追求真实准确，晦涩的题目可能会使得阅读者难以理解。因此，需要避免使用未被公认或不常见的缩写、符号、代号等。

④ **适应目标期刊**：题目的拟定要做到与拟投期刊的定位、格式一致，可以参考期刊投稿须知或借鉴期刊上发表的同类型论文题目。一般地，在拟定标题时，可以参考拟投稿期刊近几年发表的同领域论文题目，结合研究内容拟定出若干个题目，反复推敲。

⑤ **考虑关键词**：将研究相关的关键词包含进论文的题目中，能够让读者更加容易匹配到你的论文。

结合上面的讲解，我们对"声发射定位"方面研究型论文的一系列题目进行了对比，并对题目拟定效果进行了评价（表 8.1），供大家参考。

表8.1　研究型论文题目对比

序号	论文题目	评价
1	声发射事件定位研究	范围太大
2	基于SASW和CNN的岩石声发射事件定位研究	英文缩写SASW不常见
3	基于频谱分析和卷积神经网络的岩石声发射事件定位研究	推荐使用
4	基于小波变换和频谱能量衰减规律及卷积网络图像识别获取声发射源坐标的研究	题目太长

8.2.3.2　作者署名

在文献阅读时，常会看到一篇论文拥有多个作者，那么究竟谁可以署名？署名的规则是什么？作者姓名的表达方式又是什么呢？

（1）谁可以署名

① 该研究思路的提出者或该研究的设计参与者；

② 参加过论文实验观察、数据获取、数据处理等工作的人；

③ 参加过数据分析、理论推导、结论得出等工作的人；

④ 参加过论文撰写或修改工作的人；

⑤ 阅读过论文初稿，对论文整体或部分发挥重要指导、修改作用，并同意署名的人。

（2）署名规则

① 要求署以真实姓名，多个作者共同署名时，以贡献大小排列。

② 作者数量通常没有硬性要求，通常情况下为1～6位作者，也有几百个作者的论文。

③ 第一作者为实际做研究、写论文的第一人，对于有些复杂的论文，多个作者做出的贡献可能是等价的，这时可以作为共同第一作者。

④ 通讯作者，也叫通信作者，是在稿件提交、同行评审、稿件出版及后期主要负责与期刊、读者沟通的作者，在不同期刊上可能用不同的符号表示，但文献通常会在页面对通讯作者进行说明。通讯作者常是课题的总负责人，承担课题的经费、设计与把关等。一般情况下，第一作者和通讯作者对于论文的贡献都起到了至关重要的作用。当然，通讯作者也可以有多个作者，第一作者和通讯作者可以是同一人。

（3）署名格式

国内外期刊署名格式均可参照期刊模板填写，对于英文期刊需要注意姓和名的顺序。通讯作者的标识一般是在姓名右上角加某些符号，例如"*""✉""👤"，需要参照期刊格式标注，并注明通讯地址与联系方式。论文中还需要给出每位作者的单位信息，当作者来自多个单位时，会在作者姓名右上角用序号1、2、3或字母a、b、c注明，工作单位名称应当写全称。论文作者署名示例如图8.7所示。

冲击地压"双驱动"智能预警架构与工程应用

陈 结[1,2]，杜俊生[1,2]，蒲源源[1,2]，姜德义[1,2]，齐庆新[3]

(1.重庆大学 煤矿灾害动力学与控制国家重点实验室,重庆 400044; 2.重庆大学 资源与安全学院,重庆 400044; 3.煤炭科学研究总院 深部开采与冲击地压研究院,北京 100013)

……

收稿日期:2021-12-01　修回日期:2022-02-28　责任编辑:丁晓珍　DOI:10.13225/j.cnki.jccs.XR21.1897
基金项目：国家重点研发计划青年科学家资助项目（2021YFC2900400）；国家重点研发计划资助项目（2017YFC0804202）；国家自然科学基金青年基金资助项目（52104077）
作者简介：陈　结(1984—)，男，湖南邵东人，教授，博士。E-mail:jiechen023@cqu.edu.cn
通讯作者：蒲源源(1990—)，男，重庆南川人，讲师，博士。E-mail:yuanyuanpu@cqu.edu.cn

图8.7　论文署名方式示例

8.2.3.3　摘要的写作方法

摘要也非常重要，一定程度上决定了论文是否能够送审，读者是否会下载论文并进一步阅读论文。摘要是整篇论文的梗概，需要将整篇论文的重点包含进去，简短精练是论文摘要的特点。

（1）摘要四要素

摘要四要素包括：目的、方法、结果和结论、展望。接下来以论文《基于Adaboost_LSTM预测的矿山微震信号降噪方法及应用》的摘要为例（图8.8），进行具体说明。

① **目的**：首先表明"微震监测预警对保障矿井安全有重要意义"，其次指出"微震信号降噪和P波初至的准确拾取是微震监测结果可靠性的基础"。

② **方法**：构建了一种基于Adaboost_LSTM预测的矿山微震信号降噪方法，并使用"P波初至拾取误差评估方法"对降噪和拾取效果进行评估。

③ **结果和结论**：描述了不同方法"理论数据"和"耿村煤矿微震数据"的测试结果，证实了该方法微震信号降噪效果显著，且提出的S/L-AIC法具有良好的P波初至拾取等。

基于 Adaboost_LSTM 预测的矿山微震信号降噪方法及应用

摘要：微震监测预警对保障矿井安全具有重要意义，微震信号降噪和 P 波初至的准确拾取是微震监测结果可靠性的基础。通过观察海量微震信号，我们发现单个微震信号的噪音段具有良好的重复性，由此创新性提出基于预测数据的信号降噪思路。具体地，构建了基于自适应增强(Adaptive Boosting, Adaboost)策略提升长短期记忆网络(Long Short-Term Memory, LSTM)的微震信号预测模型，提出了基于模型预测数据与观测数据之差的微震信号降噪方法，研发了长短时窗均值比(Short-Time Average/Long-Time Average, STA/LTA)与赤池信息准则(Akaike Information Criterion, AIC)联合的 P 波初至拾取方法(S/L-AIC 法)，并使用 P 波初至拾取误差评估和方法对不同降噪信号和拾取效果进行了比较。含噪 Ricker 子波理论测试和耿村煤矿微震数据应用均表明，Adaboost_LSTM 模型对于噪音具有很好的拟合性，而对于未进行神经网络训练的微震有用信号拟合性较差，且 Adaboost_LTSM 模型的信号预测和降噪效果均优于 LSTM 模型的结果。基于 Adaboost_LTSM 模型的预测数据能近乎完美地去掉微震信号噪音，其降噪效果显著优于小波低频系数重构结果，对非平稳信号的适应性明显增强。小波和 Adaboost_LSTM 降噪信号能明显提升微震信号 P 波初至拾取效果，且 Adaboost_LSTM 降噪信号的 P 波初至拾取效果更优。S/L-AIC 法的 P 波初至拾取效果优于 STA/LTA 法和 AIC 法，兼具了 STA/LTA 法的稳定性和 AIC 法的准确性特点，本文降噪信号 S/L-AIC 法 P 波初至拾取误差整体在 10ms 以内。综上，本文的矿山微震信号降噪和 P 波初至拾取方法能为矿山微震监测预警提供重要保障。进一步地，可尝试将本文方法推广至天然地震信号降噪和 P 波初至拾取。

①目的
②方法
③结果和结论
④展望

图8.8 摘要典型示例

④ **展望**：提出研究展望"将本文方法推广至天然地震信号降噪和 P 波初至拾取"。

（2）写作规范

摘要不仅要遵循结构上的四要素，还需要遵守一些写作规范（图8.9）。

① **逻辑清晰**：按一定的逻辑顺序展开，句子间要有连贯性。

② **语句精练**：摘要的语句要精练、逐字推敲，准确、完整地表述摘要四要素所涉及的内容。

③ **控制篇幅**：中文摘要一般不宜超过300字，英文摘要一般不宜超过250个单词，具体以期刊要求为准。

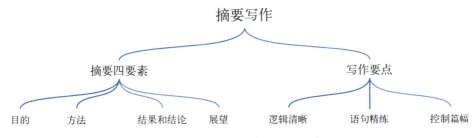

图8.9 摘要四要素与写作要点

（3）注意事项

① 通常使用第三人称撰写。但随着时代的发展，英文期刊摘要中第一人称的使用愈加广泛，甚至国外诸多顶级期刊，会明确规定作者在撰写论文时要尽量采用主动语态。第一人称可以使语言更生动，避免冗长的被动句，提高摘要的可读性。

② 无须引用文献，不使用图表、公式等。

③ 切忌与正文引言、结论等的内容相同。

8.2.3.4　关键词的写作方法

关键词其实就是一篇论文里研究的关键性词语，关键词的作用是便于读者检索和筛选论文，一篇论文的关键词一般为 3～5 个。通常按范围从大到小的顺序排列，例如一篇矿山微震定位方面的论文，其关键词包含微震、矿山、蚁群算法、震源定位，那么建议关键词的顺序为：矿山、微震、震源定位、蚁群算法。需要注意的是，当研究主题改变后，关键词的顺序可能会发生改变。

8.2.3.5　引言的写作方法

引言相当于正文的"开场白"，目的是引导读者阅读兴趣，引出待开展的研究工作。

（1）引言的重要性

引言部分是对提出问题这一思考过程的呈现，也是体现论文研究工作与前人研究区别的部分。评审专家在评审时相当一部分时间会放在引言的阅读上，主要原因如下：

① 虽然论文会被送至同行评审，但可能为大同行，评审专家对你所研究的细分领域可能并不熟悉。专家需要通过引言的阅读来了解细分领域的相关背景知识，进而判断论文的创新性。

② 专家可以通过引言快速了解作者的文献综述能力，该能力反映了作者科研工作的基本素质。

（2）引言部分怎么写

引言的写作内容通常包含以下三部分（图 8.10）：

① 研究背景与意义：介绍该论文涉及的研究背景及意义，为不太熟悉该领域的人提供引导。常采用倒金字塔模式，即撰写从宽泛的研究领域，逐渐缩小至论文待研究的特定领域。

② 国内外研究现状：阐述与本研究相关的国内外学者研究进展，此部分

为重点。可适当指出由于什么原因/条件限制导致先前研究在哪方面存在不足，以便引出自己研究瞄准的问题，指明本文研究的必要性和创新性。

③ 研究目的与思路：说明该研究拟解决的问题以及主要的研究思路，突显本研究的创新之处和贡献。最后，可以简短描述论文余下章节的安排。

（3）引言写作注意事项

在了解引言写作的主要内容之后，还需要注意引言的一些写作要求（图8.10）：

① 言简意明，篇幅恰当：用精练的语言向读者理清待研究课题的来龙去脉，主要是在满足期刊要求的前提下，表达完整、逻辑通畅。

② 实事求是，审慎评价：在评价他人工作、介绍自己研究创新性时，应慎重且留有余地，避免使用"首次提出"等拔高的语句。

③ 注意深度，内容新颖：回顾前人研究时，应正确引用具有代表性且与本研究相关或者前沿的资料，对前人的研究成果进行总结，除行业内公认的经典论文，需要引用较多近5年发表的论文。

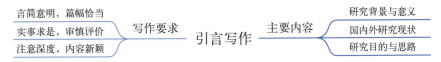

图8.10　引言的主要内容与写作要求

（4）引言案例

接下来以论文《考虑气体压力的三轴煤与瓦斯突出模拟实验》的引言为例（图8.11），说明引言的具体写作方法。

由于煤矿开采深度的增加，瓦斯煤尘爆炸、冲击地压、煤与瓦斯突出等灾害事故表现出了更加复杂的特性，对煤矿安全生产构成了极大的威胁。我国是世界上矿井瓦斯动力灾害最严重的国家之一，其中煤与瓦斯突出一直是这些灾害中破坏力较强的灾害，因此对煤与瓦斯突出的试验研究具有重要的现实意义，也是有效防治矿井突出灾害的基础与保障。

从世界上首次发生有记录的煤与瓦斯突出开始，国内外众多专家学者采用了统计分析、实验室模拟以及数值计算等多种方法，在煤与瓦斯突出的机理研究方面做出了大量的探索并积累了丰富的成果，这些成果[1-4]主要被划分为瓦斯主导作用假说、地应力主导作用假说、化学本质假说和综合作用假说。其中综合作用假说[5-9]被广大学者所接受，认为突出是由煤层中的瓦斯、地应力以及煤的物理力

……

GUAN[19]和WANG等[20]做了一些小型的原煤突出试验，将原煤样放在立式冲机管中进行不同气体压力下的突出试验，在试样的选取上更加接近现场实际，并探索了气体驱动对煤与瓦斯突出作用的特征。但是由于仪器只是考虑了瓦斯气体这一因素，与实际相比会存在一定的差别，因为煤与瓦斯突出还会受地应力等众多因素的影响。

因此，本文围绕三轴应力下的原煤突出试验研究，基于综合作用假说中煤与瓦斯突出受地应力、瓦斯以及煤体的物理力学性质等因素影响的条件，利用自主研发的基于气体驱动多场煤与瓦斯突出试验系统，采用低应力、高瓦斯压力，进行不同气体压力和不同应力条件下的原煤突出试验，分析了瓦斯压力和地应力对原煤突出的损伤特征，给煤与瓦斯突出的试验研究提供一定参考。

图8.11　引言写作示例

① 引言第一部分明确本研究是在"煤矿开采深度的增加"大背景下进行的,并引出"我国是世界上矿井瓦斯动力灾害最严重的国家之一",随后提出研究主题为探究煤与瓦斯突出演化规律。

② 引言第二部分总结国内外学者在"煤与瓦斯突出的机理研究"方面的研究进展,并指出在"气体驱动对煤与瓦斯突出作用"的研究中,前人只考虑了"瓦斯气体"这一因素的问题。

③ 引言第三部分针对研究现状,提出了自己的研究思路。

8.2.3.6 实验材料与研究方法写作

研究型论文中的研究方法有较为固定的结构,其目的是让读者知晓如何解决问题、如何得到研究结果,其常见写作方法如下(图8.12)。

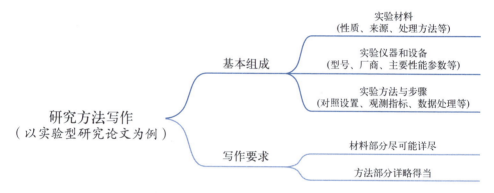

图8.12 实验型论文研究方法写作

(1)实验材料与研究方法怎么写?

实验材料与研究方法部分需要使读者看后能明白实验是如何开展的,方便审稿人判断实验是否真实、是否有创新性、结果是否可靠,由此需要尽可能详细地描述实验方法,特别是关键步骤。

通常是先介绍**实验材料**,对材料的描述要清晰准确。应详细说明材料的性质、来源、选取与处理方法等,建议结合图表进行说明。此外,还需对**实验仪器和设备**的型号、厂商、主要性能参数等进行说明。

然后对实验方法展开描述,将**研究变量、实验步骤、观测指标、对照设置、数据处理等内容**交代清楚。一个好的研究方法撰写不仅要包含上述基础内容,还应说明为什么选择该研究方法,材料制备、实验过程和算法流程等最好用图形进行说明。

(2)实验材料与研究方法部分撰写需要注意什么?

① **材料部分的介绍要尽可能详细准确**,实验材料名称应使用领域内的通用名称。

② **方法部分介绍要详略得当,突出重点**。对于已经普及的、标准化的方法,简单介绍并引用参考文献即可,如果对现有方法进行了新的改进,则需要详细描述改进的细节。

(3)实验材料与研究方法案例

以论文《考虑气体压力的三轴煤与瓦斯突出模拟实验》为例,说明实验材料与研究方法的写作(图8.13):该论文在1.1节介绍了材料的来源和基本参数测定设备,将测定参数用表格的形式呈现;在1.2节介绍了自主研发的煤与瓦斯突出试验装置以及可实现的功能;在1.3节用序号将实验具体步骤详细列出。

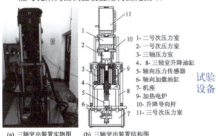

图8.13 实验材料与研究方法写作示例

8.2.3.7 论文结果的写作方法

结果部分是论文的核心，它承接着前面的实验数据汇总，并为后续的讨论提供支撑。具体的撰写要求见表 8.2。

表 8.2 结果写作要求与技巧

序号	写作要求	写作技巧
1	简洁连贯	对实验数据或观察结果的表达要进行高度概括和提炼，不能简单地堆积
2	详略得当	重点内容突出，兼顾论文各组成部分的相对比例
3	理性客观	提供真实的实验数据，对实验结果客观描写
4	层次分明	研究结果要层次分明，一般分段书写，并用小标题区分
5	图表支撑	数据表达可采用文字与图、表相结合的形式，图表的解释要简洁明了，英文期刊通常需要用图注对图中的符号进行详细说明

实验结果数据处理和描述方法如下。

① **数据处理方法**：当实验产生大量的原始数据或者原始数据无法直观地反映研究结果时，需要对数据进行处理。这包括对原始数据类型的理解，选用何种处理方法，为何选择该方法，以及最终呈现的数据类型等。

② **定量数据**：指通过实验得出并以数字方式呈现的数据，也是最常见的结果展示方式。在论文中，常用图表和文字两种方式表达这类数据。图表应明确包含主要的实验数据，而文字描述则主要突出重点数据，避免简单地重复图表内容。

③ **定性结果**：对于那些无法用数字进行量化描述的实验结果，需要对其进行客观的定性描述。

论文《考虑气体压力的三轴煤与瓦斯突出模拟实验》的实验结果写作如图 8.14 所示。

8.2.3.8 讨论的写作方法

讨论部分是一个"以理服人"的过程，通过逻辑推理和理论分析等手段，揭示实验结果背后的机理，并与他人研究结果进行比较。讨论是论文最具创造性见解的部分，也是最难写的部分。接下来详细阐述讨论的撰写技巧和注意事项（图 8.15）。

（1）讨论部分怎么写？

讨论部分的写作通常可以从以下四个方面展开：

2 试验结果及讨论

2.1 气体压力对煤样突出后损伤特征的影响

由于煤样在不同气体压力条件下的破坏程度明显不同,因而将本试验范围内的气体压力划分为低压气体和高压气体,其中低压为 1.8, 2.0 MPa,高压为 2.2, 2.4 MPa。

1) 低压气体条件下煤样损伤特征

由图 2 可以看出,气体压力为 1.8 MPa 时,煤样的上端面已发生破坏,与试验前完整的煤样有明显的区别,试件端面的中部有少量煤块脱落,次压……

(a) 1.8 MPa (b) 2.0 MPa

图 2 原煤在二氧化碳低压气体条件下
(1.8, 2.0 MPa)的试验结果

Fig.2 Test results of raw coal samples under low pressure of carbon dioxide gas (1.8, 2.0 MPa)

2.3 突出口气体压力演化特征

当刺破压头快速刺破密封突出口的钢化玻璃后,在不同气体压力和不同应力条件下,突出口的气体压力会有不同的演化特征。对突出口的气体压力演化特征进行分析,可间接地揭示煤样的突出损伤程度。

图 6(a)为轴压 6 kN、围压 3 MPa 条件下,在不同吸附平衡压力下突出后,突出口的气体压力随时间的变化曲线。可以看到在刺破压头刺破钢化玻璃

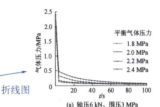

(a) 轴压 6 kN, 围压 3 MPa

图 6 突出口气体压力随时间的变化曲线

Fig.6 The curve between gas pressure of outburst cavern with time

图 8.14 结果写作示例

图 8.15 讨论的写作方法

① **对结果提出说明、解释,提炼出要点开展讨论**。讨论要合乎逻辑、有理有据,理清哪些是确定的、哪些是不确定的,不能过度猜测。

② **同前人类似研究结果进行对比,讨论结果的差别**。分析产生差异性的原因和合理性,使讨论更有深度。

③ **指出研究结果的意义或潜在应用价值**。作者可以简洁、谨慎地点出研究结果可能的应用价值,激发读者思考和对相关内容的兴趣,也有助于审稿人加深对论文价值与重要性的判断。

④ **可以提及本研究的局限性,并对后续研究作出展望**。简短地指出自我研究工作的局限性,将今日的局限性视为来日进步的契机。

（2）论文讨论需要注意什么？

① **有理有据**：讨论部分的要求就是要做到以理服人。不可简单罗列证据，须加以分析，清晰准确地表达事件的本质和规律。

② **详略得当**：对结果部分数据的分析要详略得当，着重分析创新性。在具体论述过程中，对他人相关研究的引用也要详略得当。可以使用小标题，使结构更加分明。

③ **实事求是**：在讨论时要做到客观公正，不能夸大其词，否则有损研究的科学性与价值性，也不可对不理想的结果遮遮掩掩。

④ **前后呼应**：讨论需要围绕本论文研究结果展开，与前文呼应，回应引言中提出的问题。否则会出现结构不完整、逻辑不通顺的问题。

（3）讨论写作示例

以论文《含杂质盐岩微裂纹细观愈合特征及发生机理》为例，说明讨论的写作方法（图8.16）。

在第一段中，首先简述研究主题，方便读者对讨论内容的理解。

然后，作者以我国湖相沉积高杂质盐岩实验材料得出的愈合特征及规律，与前人所研究的国外纯盐岩愈合特征及规律进行对比，并从力学、化学多角度对两者的差异进行阐释。

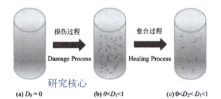

图8.16 讨论写作示例

进而，该论文指出当前针对我国湖相沉积高杂质盐岩的损伤愈合阶段盐岩力学性质及渗透性的演化规律研究还相对较少，从侧面反映该研究内容的创新性。

最后，指出该研究在盐穴利用上的前景和意义。

8.2.3.9　结论的写作方法

结论是对研究的总结，与摘要和正文相呼应但又不是简单的重复。结论可以帮助读者快速了解论文的核心，方便读者做笔记与分享知识。结论部分看似简单，但有一定的规范和要求（图8.17），接下来对其进行详细介绍。

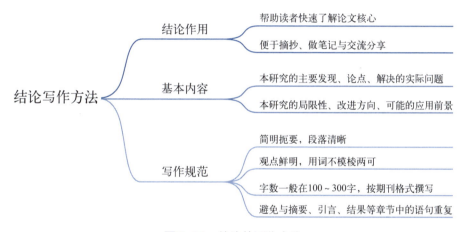

图8.17　结论的写作方法

（1）结论部分需要怎么写？

结论部分通常需要阐述以下内容：

① 本研究说明了什么问题，得出了什么结果或解决了什么实际问题。一般用总结性语句或具体数字进行说明，不能含糊其辞、模棱两可。

② 总结性地说明本研究存在的不足或遗留的问题，下一步研究方向或可能的应用前景。

（2）论文结论需要注意什么？

① 总体来说，结论部分的写作相对灵活，可以是归纳总结，也可以是未来展望、补充说明等，但结论部分的语言要简明扼要，段落要条理清晰，不得涉及论文中未得出的新内容。

② 观点要鲜明，不能模棱两可，用肯定的语句和可靠的证据进行写作，最好不使用"可能""也许""大概"等含糊不清的词语。

③ 字数一般控制在100～300字，通常3～4条结论即可，按期刊格式

撰写。

④ 尽管结论的内容要与前文提到的相关内容或结果相对应，但侧重点不同，结论的撰写要避免与摘要和引言的内容重复，特别是不能直接复制粘贴前文内容。

⑤ 在结论部分详略不得当，大篇幅介绍研究背景、研究基础等是需要避免的。

8.2.3.10 致谢的写作方法

在研究过程中，我们会得到多方面的帮助，致谢不仅能传达作者的感谢，还是作者严谨学术态度的体现，具体写作方法如图8.18所示。

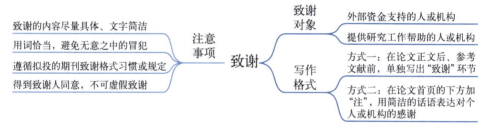

图8.18　致谢的写作方法

（1）致谢对象

根据国家标准局颁布的《学术论文编写规则》（GB/T 7713.2—2022）明文规定，致谢是作者对论文的生成作过贡献的组织或个人予以感谢的文字记录。一般有下列五种情况者可以在正文后致谢：

① 国家科学基金，资助研究工作的奖学金基金，合作单位，资助或支持的企业、组织或个人；

② 协助完成研究工作和提供便利条件的组织或个人；

③ 在研究工作中提出建议和提供帮助的人；

④ 给予转载和引用权的资料、图片、文献、研究思想和设想的所有者；

⑤ 其他应感谢的组织或个人。

总的来说，一是对在经费上给予支持的对象表示致谢，二是对提供资料、技术、研究条件等方面提供帮助的对象表示致谢。

以上是科技论文致谢的主要内容，对于学位论文，还可以包含对导师、同门、父母等在学业、情感方面的真挚感谢。

（2）论文致谢需要注意什么？

首先，最重要的是要避免对致谢人造成冒犯，并非所有提供帮助的人和单位都愿意出现在致谢中。许多期刊会在投稿指南中严正声明，作者必须在取得被致谢人的书面许可后，才能将对方列入致谢。其次，致谢部分的内容也要**真实可靠，不可虚假致谢**。有的作者可能会在致谢部分撒谎，妄图借助领域著名学者或著名基金的权威性来影响审稿人的判断。

（3）致谢写作的示例

以论文《冲击地压“双驱动”智能预警架构与工程应用》和“Point - Source Inversion of Small and Moderate Earthquakes From P - wave Polarities and P/S Amplitude Ratios Within a Hierarchical Bayesian Framework : Implications for the Geysers Earthquakes”的致谢为示例（图8.19）。致谢写作时，可参照拟投稿期刊论文致谢填写要致谢的对象即可。中文与外文论文致谢的表述方式通常有所不同：中文论文常用致谢方式如图8.19所示的方式1，即**在论文首页的下方加“注”**，用简短的词句表达对基金的感谢；而英文论文致谢如图中的方式2所示，**即在论文正文后、参考文献前，单独列出“致谢”项**。

方式1：首页下方加“注”

收稿日期：2021-12-01　**修回日期**：2022-02-28　**责任编辑**：王晓珍　**DOI**：10.13225/j.cnki.jccs.XR21.1897
基金项目：国家重点研发计划青年科学家资助项目（2021YFC2900400）；国家重点研发计划资助项目（2017YFC0804202）；国家自然科学基金青年基金资助项目（52104077）

方式2：单独列出“致谢”

Acknowledgments

We are grateful to Prof. Xibing Li (Central South University) for his support and to the China Scholarship Council (CSC) for their support under grant no. 201706370187. We benefited from discussions with the Seismology and Mathematical Geophysics Group members, and we are particularly grateful to Thanh-Son Phạm, Marija Mustać and Babak Hejrani. The seismic data is from Berkeley Geysers (BG) Seismic Network, which is operated by the Lawrence Berkeley National Laboratory (LBNL). The data has been archived at the Northern California Earthquake Data Center (NCEDC), doi:10.7932/NCEDC. Seismic waveform data were processed using Seismic Analysis Code (SAC) (Goldstein et al., 2003). Figures were made using the GMT5 (https://github.com/GenericMappingTools/gmt/releases/tag/5.4.5: Wessel et al., 2013).

图8.19　致谢的两种写作格式

8.2.3.11　参考文献的写作方法

参考文献通常是论文的最后一部分，需要将论文写作过程中涉及的文献按规定列出。参考文献也是作者研究过程中思考、推理和立意的依据。

（1）参考文献的必要性

从表面上看，参考文献与**知识产权的尊重**息息相关。科学研究具有继承性，而本着**尊重他人劳动成果**，追求学术研究科学性、严谨性的原则，正确书写参考文献是非常有必要的。

不仅如此，参考文献给出了研究背景的相关阅读材料，同时**反映了相关领域的研究动态**，为审稿人**评估论文科学价值与学术水平**提供了依据。规范的参考文献还可以引导读者对该领域的研究论文进一步查阅。

（2）注意事项

引用格式应参照**拟投稿期刊规定的参考文献格式编排**，文献管理软件+人工核对可以保证引用格式的规范性和统一性。

参考文献的引用要**遵守学术规范和学术道德**。不得为了增加引文数量而引用未参考的文献；也不得为了避免论文创新性降低，回避引用某些文献。

（3）参考文献示例

国内论文一般参考国标GB/T 7714—2015《信息与文献 参考文献著录规则》进行著录，引用文献的标准方法可以采用“顺序编码制”或“著者-出版年制”。在此基础上，期刊也会对参考文献的标注格式进行规定，在确定投稿期刊后，按照期刊要求编排即可。

① 顺序编码制：参考文献表采用顺序编码制组织时，各篇文献应按正文部分标注的序号依次列出。

以论文《冲击地压“双驱动”智能预警架构与工程应用》的参考文献作为示例（图8.20）。参考文献类型的不同，类型标识也不同。常见的文献类型和标识代码如下：普通图书［M］、论文集．会议录［C］、报纸［N］、期刊［J］、学位论文［D］、报告［R］、标准［S］、专利［P］。需要注意的是，**一些期刊要求提供参考文献对应的英文，此时需要下载对应的论文，并从论文中复制相关的英文信息**。

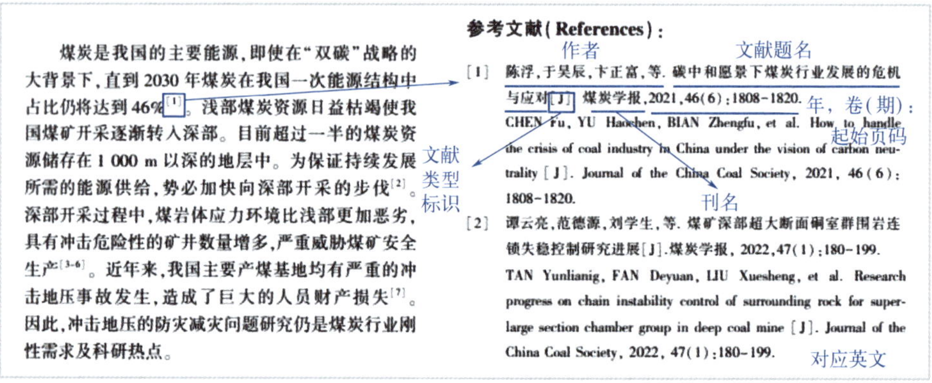
煤炭是我国的主要能源，即使在“双碳”战略的大背景下，直到2030年煤炭在我国一次能源结构中占比仍将达到46%[1]。浅部煤炭资源日益枯竭使我国煤矿开采逐渐转入深部。目前超过一半的煤炭资源储存在1 000 m以深的地层中。为保证持续发展所需的能源供给，势必加快向深部开采的步伐[2]。深部开采过程中，煤岩体应力环境比浅部更加恶劣，具有冲击危险性的矿井数量增多，严重威胁煤矿安全生产[3-6]。近年来，我国主要产煤基地均有严重的冲击地压事故发生，造成了巨大的人员财产损失[7]。因此，冲击地压的防灾减灾问题研究仍是煤炭行业刚性需求及科研热点。

参考文献（References）：

［1］ 陈浮，于昊辰，卞正富，等．碳中和愿景下煤炭行业发展的危机与应对［J］．煤炭学报，2021，46（6）：1808-1820.
CHEN Fu, YU Haochen, BIAN Zhengfu, et al. How to handle the crisis of coal industry in China under the vision of carbon neutrality［J］. Journal of the China Coal Society, 2021, 46（6）: 1808-1820.

［2］ 谭云亮，范德源，刘学生，等．煤矿深部超大断面硐室群围岩连锁失稳控制研究进展［J］．煤炭学报，2022，47（1）：180-199.
TAN Yunlianig, FAN Deyuan, LIU Xuesheng, et al. Research progress on chain instability control of surrounding rock for super-large section chamber group in deep coal mine［J］. Journal of the China Coal Society, 2022, 47（1）：180-199.

图8.20　顺序编码制标注示例

② 著者-出版年制：参考文献表采用著者-出版年制组织时，各篇文献首

先按文种集中，可分为中文、日文、西文、俄文、其他文种5部分；然后按著者字顺和出版年排列。中文文献可以按著者汉语拼音字顺排列，也可以按著者的笔画笔顺排列。

示例：冲击地压预测预警有助于全面掌握灾害风险程度，提前采取针对性防冲措施，可以有效降低灾害影响（陈结 等，2022）。

8.3 综述型论文写作方法

综述型论文也叫文献阅读报告，英文称之为survey、overview、review，篇幅较短的为minireview。综述型论文是在对某研究领域的文献进行广泛阅读和理解的基础上，对该领域研究成果的整理与思考。

综述型论文通常细分成以下三类。

① **归纳型综述**：作者将搜集到的文献资料进行整理归纳，并按一定顺序进行分类排列，使它们互相关联，前后连贯，而撰写的具有条理性、系统性和逻辑性的学术论文。它能在一定程度上反映出某一专题、某一领域的当前研究进展，但很少有作者自己的见解和观点。

② **普通型综述**：具有一定学术水平的作者，在搜集较多资料的基础上撰写的系统性和逻辑性都较强的学术论文。文中能表达出作者的观点或倾向性，因而其对从事该专题、该领域工作的读者有较好的参考价值。

③ **评述型综述**：有较高学术水平、在该领域有较高造诣的作者，在搜集大量资料的基础上，对原始素材归纳整理、综合分析、撰写的反映当前该领域研究进展和发展前景的评论性学术论文。论文的逻辑性强，有较多作者的见解和评论，对读者有普遍的指导意义，并对读者的研究工作具有导向意义。

8.3.1 综述型论文结构

由于综述型论文的特殊性，其形式相对研究型论文更多变，但**一般包含引言、主体、总结和参考文献四个部分**（图8.21）。

① **引言**：简述选题领域的研究背景，解释选题的理论意义或实践意义，限定综述的范围，让读者对综述的主题有初步的了解。

② **主体**：综述型论文的主体部分是它的核心，其写法、格式与篇幅多变。

可按年代顺序综述，也可按不同问题、不同观点或者发展阶段等进行综

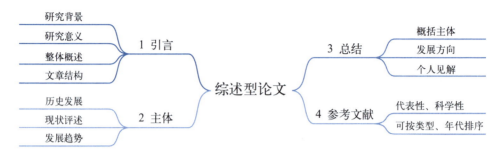

图 8.21 综述型论文的构成

述，不管采用哪种形式，都需要将收集到的文献资料归纳、整理和分析比较，阐明有关主题的研究历程、研究现状、趋势分析与展望，要做到有评有述，而不是文献的简单罗列与拼凑。

③ **总结**：对前文进行扼要的总结，一般包括本课题的研究意义、存在的问题、发展趋势等，作者最好能提出自己的见解。

8.3.2 写作思路

综述型论文在一定程度上可看作是对研究型论文摘要中研究背景与文献综述的大幅扩充与有序撰写。下面介绍一套综述型论文写作的思路（图8.22）。

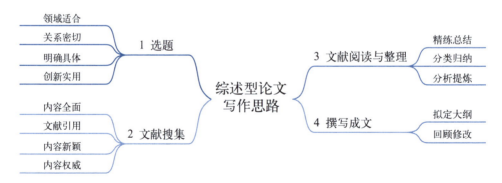

图 8.22 综述性论文写作顺序

（1）选题

文献综述选题上需要具有科学性，如亟待解决的课题、科学的新发现、学科短缺或空白的填补、通行说法的纠正、前人理论的补充等。选题的一些原则如下：

① 领域适合。选择的综述主题应是近年来发展较快、内容新颖的。

② 关系密切。选择的主题应与作者的研究领域密切相关。

③ 明确具体。范围不宜过大，切忌无的放矢，泛泛而谈。
④ 创新实用。具有创新和实用价值。

（2）文献搜集

在确定综述型论文题目和方向后，便可以开始收集和研读文献，搜集的文献应满足以下要求：

① 内容全面。凡是与主题有关的资料都应搜集齐全。
② 文献引用。必须亲自阅读原文献，并进行一次引用。
③ 内容新颖。多引用近年的文献。
④ 内容权威。多引用在权威期刊上或权威专家发表的文献。

（3）文献阅读与整理

文献整理需要使散乱的资料具有条理和逻辑，建议使用文献管理软件 NoteExpress、Zotero 等协助整理，并注意在阅读文献时做好笔记，文献阅读与整理应遵循以下原则：

① **精练总结**。必须亲自阅读搜集的文献，并对文献的主要论点和论据进行总结。

② **分类归纳**。按综述的主题要求进行整理、分类编排，使之系列化和条理化。

③ **分析提炼**。对分类整理好的文献进行科学分析，结合作者的实践经验，写出体会，提出自己的观点。

（4）撰写论文

撰写论文之前，应先拟定写作大纲，然后写出初稿（各部分的具体写作方法见8.3.3节），并多次打磨修改，包括请优秀的学术研究者提意见及建议等。

8.3.3 各部分写作方法

综述型论文的题目、关键词、作者署名、致谢、参考文献的写作方法与研究型论文相应部分写作方法一致。因此，本节内容主要简述综述型论文的引言、主体与总结三部分的常见写作方法。

8.3.3.1 综述型论文引言的写作方法

综述型论文的引言可以引导读者了解文献综述的主题和意义，同时也可以展示作者的研究水平和学术素养。

（1）引言部分的主要内容

① 确定综述的主题和范围：引言应明确文献综述的主题和范围，让读者了解文献综述的主要内容和重点。

② 概述综述的目的和意义：引言应简要概述文献综述的目的和意义，让读者了解文献综述的研究问题和学术意义。

③ 阐述综述主题的发展背景：引言应简要阐述综述主题的发展现状，让读者了解主题的研究现状。

（2）引言部分写作案例

接下来以论文《盐岩损伤自愈合特性研究综述》为例（图8.23），说明综述论文引言的具体写作方法。

> 随着经济的快速发展，我国已经成为全球第二大能源消费和进口国。然而我国石油天然气等能源对外依存度高，石油天然气战略储备低，能源形势严峻，特别是当前国际形势发生深刻变化，主要能源区的不稳定因素明显增加，对我国能源进口安全构成严重威胁。<u>为保证我国经济的持续健康发展以及能源安全，地下能源储备库的建设迫在眉睫。</u>同时，由于核电技术的发展以及国防、医疗、科研事业相关的核利用，我国面临的核废料储置需求越来越大[1-2]。
>
> 相比于其他储存介质，由于具有渗透率低、延展性高、蠕变特性好以及损伤自愈合等特性，<u>盐岩已经成为国内外公认的地下石油天然气储库以及储存放射性废料最理想的储存介质之一</u>[3-6]。鉴于国家能源安全和战略储备的需要以及越来越大的核废料储置需求，我国也在积极推进盐岩的物理力学特性以及盐穴储库的关键性技术研究，特别是对于盐穴储库的稳定性以及密闭性[7-11]。
>
> 盐穴储库的密闭性与稳定性取决于以下两方面的竞争：①盐腔开挖或钻井过程中围岩蠕变损伤产生膨胀性微裂隙；②这些微裂隙的闭合、愈合、密封。在盐穴储库的建设与使用过程中，对盐腔开……发展、渗透性变化有了较为清晰的认识[12-16]。然而，<u>对于损伤盐岩愈合，特别是针对我国典型层状盐岩的损伤愈合特性，还需要进行大量的研究</u>[17-18]。
>
> 根据既有研究，损伤盐岩在常温、低压状态下即可发生愈合，且损伤愈合对盐岩的力学性质、渗透性等有显著影响，从而盐岩损伤愈合对盐穴储库在长期运行过程中的力学性质、渗透性演化有不可忽视的作用[19-22]。<u>本文将从盐岩损伤愈合发生机制、影响因素、本构模型等方面综述国内外盐岩损伤自愈合特性的研究进展，同时总结我国层状盐岩损伤自愈合特性的研究成果，最后对我国盐岩损伤自愈合特性的研究方向以及研究重点提出见解及建议。</u>

图8.23 综述型论文引言部分写作示例

论文第一段首先强调地下能源储备库建设的迫切性，突显开展该综述的意义。

论文第二段描述了盐岩是建立地下能源储备库的理想介质，并指出"盐岩的物理力学特性"和"盐穴储库的稳定性以及密闭性"研究的重要性。

论文第三段引出我国典型层状盐岩的损伤愈合特性需要大量研究，进而在第四段引出本文综述方向"盐岩损伤愈合发生机制、影响因素、本构模型"等的研究进展。

8.3.3.2 综述型论文主体的写作方法

主体是综述型论文的核心部分，篇幅大，短则5000字左右，长则几万字，其叙述方式灵活多样，没有必须遵循的固定模式，常由作者根据综述的内容，自行设计。一般可根据主体部分的内容多寡分成几个大部分，每部分凝练出简短而醒目的小标题。

（1）主体部分的主要内容

写作内容上一般包括历史演变、现状分析、趋向预测三大部分。

① 历史演变：历史演变多是对所研究问题的一些共性认识或已经解决问题的结果或结论加以归纳，并按时间顺序简要说明各个阶段的发展状况和特点，通过历史对比来说明目前达到的水平。

② 现状分析：把尚未解决的问题或人们对某一个问题认识上的见解加以分析，这种分析要求准确性和客观性。

③ 趋向预测：给读者以启示，使同领域的研究工作者能看到未来课题研究的发展方向。

（2）主体部分的写作注意事项

在主体部分文字的写作中，特别要注意以下几个方面：

① 对于尚未解决问题的叙述，要尽量详细清楚；

② 在横向对比时，应着重阐述某些有突破性的研究成果及其成功经验；

③ 在指出各种研究方法、途径和成果时，应做出特点方面的总结，并给予恰如其分的评价，优劣利弊应分析清楚。

8.3.3.3　综述型论文总结的写作方法

总结部分又称为结论、小结或结语。书写总结时，可以根据主体部分的论述，提出几条语言简明、含义确切的意见和建议。结论的部分具体内容如下：

① 重申论文的主题及其重要性；

② 声明主要论点与主张；

③ 简述是如何得到这些论点与主张的；

④ 指出你的研究结果如何回答了引言中提出的问题以及如何扩展了现有研究；

⑤ 概述论文工作有什么限制以及未来可以开展什么研究。

> **思考题**
>
> 1. 研究课题的来源、选题原则有哪些？
> 2. 简述研究型论文各部分的写作顺序及写作方法。
> 3. 简述综述型论文各部分的写作方法。

第9章 科技论文投稿与发表

科技论文写作完成后距离发表还有一个相当漫长的过程——投稿与发表。我们如何从众多期刊中找到适合自己的期刊并进行投稿和发表呢？本章将讲述稿件从提交到论文录用发表的全过程，系统地介绍投稿前、投稿中和投稿后三个阶段的注意事项。其中，详细探讨了作者、编辑和审稿人之间在论文投稿和录用过程中的关系，并对论文发表进行了简述。

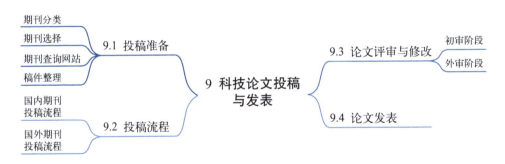

9.1 投稿准备

投稿前，我们需要进行期刊选择、稿件格式修改等准备。首先可通过中国知网、LetPub 等工具或直接访问相应期刊主页了解期刊信息，进而选择与投稿论文相符的期刊。同时，期刊通常对稿件的格式有要求，我们需要根据期刊投稿须知准备投稿材料。

9.1.1 期刊分类

期刊种类繁多，例如2023—2024年度中国科学引文数据库（CSCD）收录来源期刊1340种，2022年Web of Science收录期刊超过了30000种。那么如何从众多的期刊中找到适合自己的期刊投稿呢？我们首先需要了解期刊的一些基本信息，例如期刊分类。常见的期刊分类标准包括按注册地分类、按主管部门分类和按期刊评价体系分类等，其中使用最为广泛的是按期刊评价体系分类。

（1）按注册地分类

一些单位可能会要求发表CN或ISSN刊物，这里的CN和ISSN是期刊的发行号，类似于期刊的身份证明。CN类刊物：在我国境内注册、国内公开发行的刊物；ISSN类刊物：在我国境外注册，国内、外公开发行的刊物。现在许多杂志同时具有CN和ISSN两种刊号。

（2）按主管部门分类

"国家级"期刊：主办单位为国家级单位，由党中央、国务院及所属各部门，或中国科学院（中科院）、中国社会科学院、各民主党派和全国性人民团体主办的期刊，以及国家一级专业学会主办的会刊。除此之外，标有"全国性期刊""核心期刊"的刊物也可视为国家级刊物。

"省级"期刊：主办单位为省级单位，即由各省、自治区、直辖市及其所属部、委办、厅、局主办的期刊，以及由各本、专科院校主办的学报（刊），市级期刊是省级期刊的一种。

实际上，国家从来没有对刊物做过级别之分，也就是在影响力和专业程度上没有省级和国家级的差别。所谓国家级期刊和省级期刊，主要为方便管理而根据期刊主管单位的级别而作了区分。

（3）按期刊评价体系分类

常见科技期刊分级如图9.1所示。中文期刊评价体系主要包括中国科学引文数据库CSCD（Chinese Science Citation Database）、南京大学中文社会科学引文索引CSSCI（Chinese Social Sciences Citation Index）、北京大学中文核心、科技核心/统计源CSTPCD（Chinese Scientific and Technical Papers and Citation Database）。英文期刊评价体系被广泛认可的有工程索引（EI）和科学引文索引（SCI），以及社科领域的社会科学引文索引SSCI、艺术与人文引文索引A&HCI。

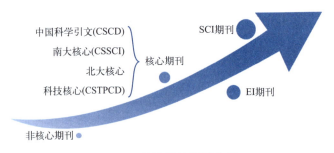

图9.1 常见科技期刊分级

需要提及的是，一些中文 EI 论文和许多 SCI 论文具有类似的水平。由于网络的普及，2000 年后 SCI 收录的期刊都改为 SCIE，现在所说的 SCI 一般代指 SCIE。期刊通常有多个收录来源，本书以质量最高的收录来源为准。

对于工程师、实验师、中学教师等在职人员，通常只需要发表一定数量的省级、国家级单位主管的非核心期刊就能参与职称评定。而对于高校教师、研究生来说，通常发表核心以上期刊才能满足需求。

9.1.2 期刊选择

截至 2023 年，中文期刊共 280 种被 SCI 收录，313 种被 EI Compendex 收录。这些中文期刊中，高校的大学学报占了一定比例，其收录领域较为广泛。而专注于某个研究领域的 EI 期刊数量通常较少，大家可以对照 EI 期刊目录，一一核实是否适合投稿。

英文 SCI、SSCI、A&HCI 期刊的数量众多，不同期刊收录的论文整体质量差距可能非常大，为此我们需要知道如何评价英文期刊质量。英文期刊质量的常用评价指标包括影响因子、分区、投稿录用率、是否为 Top 期刊以及是否在预警期刊名单内。

（1）影响因子

影响因子（IF）是国内外评判期刊水平最常用的指标之一。它的定义为某期刊前两年发表的论文在报告年份中被引用总次数除以该期刊在前两年内发表的论文总数。以某期刊 2023 年的影响因子为例：

$$\text{IF}(2023) = (C_1 + C_2) / (N_1 + N_2) \tag{9.1}$$

式中，C_1 为期刊在 2021 年发表的论文在 2023 年被引用的次数；C_2 为期刊在 2022 年发表的论文在 2023 年被引用的次数；N_1 为期刊在 2021 年发表的论文数；N_2 为期刊在 2022 年发表的论文数。

通常某个领域内期刊的影响因子越高，期刊质量也越好。但需要注意的是即便某些期刊影响因子很高，也不代表其学术声誉较好。同时，对于不同领域的期刊，不能仅用影响因子评比其优劣。例如，医学领域类期刊 *Child and Adolescent Psychiatry and Mental Health* 2022—2023 年度的影响因子高达 5.6，但其在医学领域期刊的排名靠后，而数学领域类期刊 *Communications in Mathematics and Statistics* 2022—2023 年度的影响因子只有 0.9，但其在同行业期刊中名列前茅。

单独的影响因子难以对不同领域的期刊质量进行对比，因此基于同一领域内所有期刊影响因子的汤森路透分区（简称 JCR 分区）被提出来。在该分区的基础上，中国科学院国家科学图书馆制定了新的分区方法（简称中科院 JCR 分区或者中科院分区），表 9.1 展示了不同标准下的期刊分区情况。可知，使用的分区方法不同，期刊最终所属的级别很可能会有所不同。因此，期刊选择时，需要明确使用哪种分区方法，或者对不同分区方法综合考量。

表9.1　期刊分区说明

名称	分类标准		影响因子在学科中的排名
	学科数	影响因子使用情况	
JCR 分区	176 个学科	当年影响因子排名	Q1: 0~25%　Q2: 26%~50%　Q3: 51%~75%　Q4: 76%~100%
中科院 JCR 分区	13 个学科大类	三年平均影响因子排名	1区 前5%；2区 6%~20%；3区 21%~50%；4区 51%~100%

（2）Top 期刊、预警期刊、期刊录用率

Top 期刊指某一领域内顶尖的期刊。国内现在所说的 Top 期刊一般指的是中科院分区 Top 期刊。中科院文献情报中心分区表团队在中科院分区表的大类学科中标注期刊是否为 Top 期刊，Top 期刊名单每年随分区表的更新发生变动。

中科院预警期刊是中国科学院文献情报中心根据相关因素评定具备风险特征、潜在质量问题的学术期刊，并将预警级别分为高、中、低三档，风险指数依次减弱。同样的，科睿唯安对过度自引（指同期刊内文章间的过度相互引用）或堆叠引用（指期刊间的过度相互引用）的期刊也会进行惩治，此时你会发现该期刊在 Web of Science 中无影响因子。**当发现期刊属于预警或镇压期刊时，建议不考虑投稿。**

期刊录用率是论文接收发表数占总投稿数的比例。一般来说，期刊录用率与期刊质量相对应，期刊质量越高，对稿件的要求越高，其录用率相对较低。一些期刊为了降低录用率，对需要做较大修改的稿件进行退稿，并建议重投。

（3）论文发表周期

论文发表周期是投稿后，稿件经过初审、外审、返修、录用、校稿等阶段到发表所用的时间。不同期刊的发表周期差异性可能很大，有些期刊是 2~3 个月，有的需要半年以上，有的甚至要 1~2 年。退稿对科研新手来说是一件很常见的事，因此我们需要根据实际情况选择投稿期刊。例如，在毕业前需要发表论文以满足毕业要求，就需要寻找录用/发表周期较短的期刊。需要注意的是论文录用、在线发表、正式发表的时间有不同的适用场景，需要核定是否满足自我需求。

9.1.3 期刊查询网站

除了在期刊官网上查询期刊信息，一些网站不仅提供了期刊信息查询功能，还提供了一些期刊分析功能，能在很大程度上回避期刊官网有时难以查找、投稿至虚假网站的问题。接下来，以中国知网和 LetPub（https://www.letpub.com.cn）为例，分别说明中文、英文期刊信息的查询方法。

（1）中国知网期刊查询

中国知网提供了非常全面的期刊信息查询途径（图 9.2），使用方法如下：

① 在中国知网首页选择"文献来源"，输入目标期刊 ［图 9.2（a）］，再点击检索结果"来源"下的期刊，即可进入期刊导航页面 ［图 9.2（b）］；

② 期刊导航页会显示期刊的基本信息，例如主办单位、出版周期等；

③ 期刊导航页面右侧提供了"投稿"链接，点击即可进入该期刊投稿系统，回避投稿至虚假网站的问题；

④ 期刊导航页面右侧还提供了期刊的收录情况和影响因子，便于大家快速了解期刊的大体质量；

⑤ 期刊导航页面左下角还提供了论文选项卡，包含了刊期浏览、栏目浏览、统计与评价功能，使大家对期刊有更全面的认识。

第9章 科技论文投稿与发表

(a) 文献来源中找到目标期刊

(b) 期刊详情查看

图9.2 中国知网期刊信息查询

（2）LetPub期刊查询

在LetPub中可根据期刊名或者关键词查找目标期刊，查找到的期刊页面详情如图9.3所示。它提供了期刊简介、官方网址、投稿网址等基础信息，同时还可以查看JCR分区、是否为预警期刊、中科院分区等信息。一些研究者分享了他们在该期刊上的投稿经验，这对我们找到心仪的期刊是非常有帮助的。

9.1.4 稿件整理

接下来以《岩石力学与工程学报》为例，向大家介绍稿件投稿前的准备工作。中文期刊投稿前，阅读投稿须知是非常必要的，《岩石力学与工程学报》的投稿须知如图9.4所示。投稿须知通常包括以下几个方面：① 刊物的办刊宗旨和收录论文范围；② 论文格式要求，如页边距、纸张大小、文献和图表格式等；③ 涉及人或动物实验时，是否需要提交伦理证明；④ 投稿

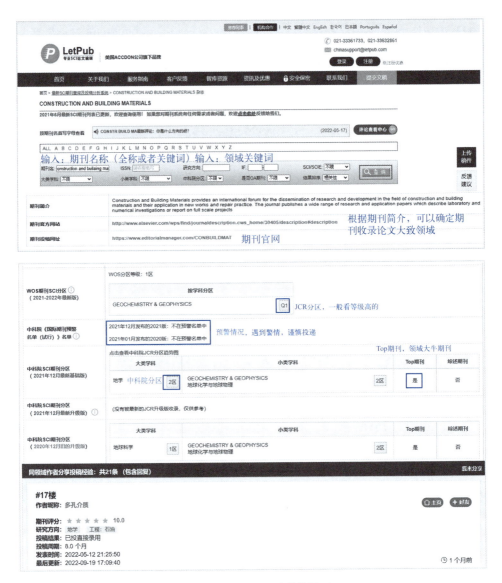

图9.3 LetPub期刊详情界面

论文的参考模板与需要提交的材料等。需要注意的是，不同的期刊在稿件格式要求方面有一定的区别，**在投稿前一定要按照投稿期刊要求对论文进行修改，否则投稿后编辑可能让你修改后再投稿，甚至直接退稿。**

图9.4 《岩石力学与工程学报》投稿须知

9.2 投稿流程

投稿方式主要有：纸质投稿、邮件投稿和投稿系统投稿。纸质投稿便捷性差、耗时长、不方便整理，使用得越来越少。电子邮件投稿在主流期刊使用得也不多，期刊会收到大量投稿信件，有时会导致一些信息被忽略。**投稿系统投稿具有便捷性和易操作性，是主流的投稿方式，深受科研工作者的喜爱**。电子邮件常作为网上系统投稿的通知手段，便于期刊编辑部与投稿者间交流，比如是否投稿成功、稿件状态等。

9.2.1 国内期刊投稿流程

整体来说，中文期刊的投稿流程相对简单，在材料准备齐全的情况下，5～10分钟便可完成投稿。中文期刊典型投稿流程如图9.5所示，包含期刊用户注册、稿件信息填写、投稿确认等步骤。下面以《岩石力学与工程学报》投稿为例，说明期刊投稿流程与注意事项。

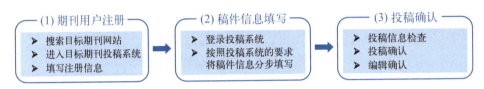

图9.5　中文期刊常见投稿流程

（1）期刊用户注册

作者在《岩石力学与工程学报》或其他期刊进行首次投稿时，需要在其官网注册账号，设置账号和密码，按照提示注册即可。建议填写常用的邮箱，便于找回密码。

（2）稿件信息填写

注册完成后，即可登录进入期刊的投稿系统（图9.6），并选择相应的投稿方式（向导式投稿较为常用）。再按照提示填写稿件信息即可，其中可能需要上传版权协议、填写推荐和回避的审稿人等。

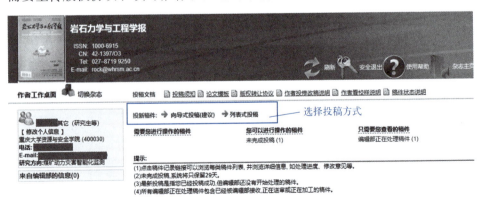

图9.6　投稿系统界面

（3）投稿确认

稿件信息填写完成后界面如图9.7所示，可以非常便捷地看到投稿所填信息。若发现有填错的地方，可以点击"修改"进行重新编辑。待各项内容无误后，点击"立即投稿"即可完成投稿，通常通讯作者邮箱会收到投稿成功的邮件。

图9.7　投稿信息核查与稿件提交

9.2.2　国外期刊投稿流程

英文期刊投稿与中文期刊投稿有所不同，以国外期刊出版社Elsevier旗下的期刊*International Journal of Rock Mechanics and Mining Sciences*投稿为例，向大家介绍国外期刊的投稿流程。

（1）期刊账号注册

Elsevier的刊物大多都有自己的投稿要求，但投稿流程基本一致，其投稿前与中文期刊一样，也需要用户注册（图9.8）。可以看到投稿人、审稿人、编辑和出版社登录在同一个页面，使用起来非常方便。

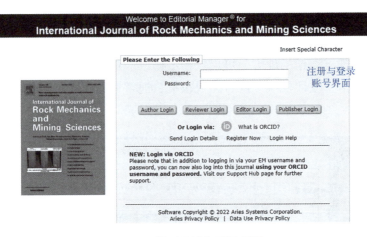

图9.8　期刊注册与登录界面

（2）稿件投递

*International Journal of Rock Mechanics and Mining Sciences*稿件投递流程如图9.9所示。登录账号，进入投稿界面后，选择投稿论文类型，其中研究型论文选择"Research Article"。根据投稿步骤提示完善信息。其中，"推荐审稿人"建议推荐相同研究领域的研究人员，例如稿件参考文献的作者。最后检查之前步骤所填写的所有信息与生成的预览文件，确认无误后提交稿件。

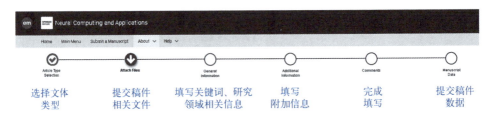

图9.9　稿件投递流程

（3）提交稿件及相关材料说明

投稿时通常必须递交投稿信和论文原件，而非必须提交的材料通常包括利益冲突说明、Highlight、研究数据、视频文件等。

① 投稿信：投稿信（cover letter）的目的是向编辑介绍稿件的总体情况，方便编辑快速了解稿件基本信息，并申明未另投他刊。投稿信还可以包含论文的研究意义、创新点与研究结论等简要内容。图9.10展示了一个投稿信的通用模板，大家投稿时只需要将论文题目、作者、期刊名、信件署名替换过来就可以了，非常简便。

```
信件标题            Cover Letter
敬语       Dear Editor,

          We would like to submit the enclosed manuscript entitled "Acoustic emission
          source location on a cylindrical shell structure through grouped sensors based
论文题目   analytical solution and data field theory" by "Caiyun Liu, Xueyi Shang*, and Runxue
论文作者   Miao", which we wish to be considered for publication in your estimated journal
期刊名称   Applied Acoustics. No conflict of interest exits in the submission of this manuscript,
          and manuscript is approved by all authors for publication. I would like to declare on
          behalf of my co-author that the work described was original research that has not been
投稿声明   published previously, and not under consideration for publication elsewhere, in whole or
          in part.

          Thank you for your consideration. Please let me know if you have any questions.
感谢语    We are looking forward to receiving your valuable comments to improve our
          manuscript.

          Sincerely Yours,
          Xueyi
联系方式   Email: shangxueyi@cqu.edu.cn
```

图9.10　外文期刊投稿信通用模板

② **提交原稿**：将论文稿件按照期刊格式、图片规范要求和排版要求进行准备。英文期刊稿件通常为单栏、五号字体、1.5倍或2倍行距，图表从正文中拿出来列到文章最后的附件内（正文只保留编号），或者保存为单独的文档在投稿系统上传，便于审稿人打印阅读。随着电子化越来越普及，许多期刊也接受图表直接排版在正文中。

③ **利益冲突声明**：利益冲突声明相当重要，即使论文成功发表，一旦发现存在利益冲突隐瞒不报，将面临论文撤稿和作者被指控学术不端等严重后果。利益冲突声明篇幅不多，内容简短清晰即可，例如不存在利益冲突可写"All authors disclosed no relevant relationships"。

9.3　论文评审与修改

在完成网上投稿工作后，论文将经历编辑处理稿件（with editor）、审稿人审稿（under review）、作者修改（revise）和评审结果（accept or reject）等过程。稿件从投稿到发表的常见过程如图9.11所示，可见一篇论文从投稿到与读者见面是需要非常多流程的。接下来对其进行详细介绍。

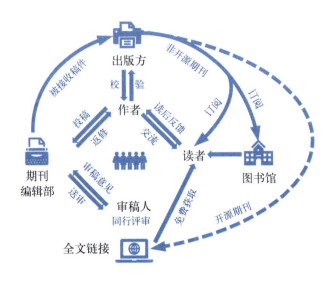

图9.11　稿件从投稿到发表的常见流程

9.3.1　初审阶段

稿件投递后第一步就是稿件初审，这一步骤由期刊编辑完成，用时通常在一周到一个月。投稿一个月后，作者若没有收到稿件格式修改、退稿通知或者稿件未进入外审阶段，可通过邮件、电话等方式与期刊联系，询问稿件处理详细进展。

责任编辑（负责该稿件处理的编辑）会从论文主题、创新性、重复率、格式等方面对稿件进行初步审查，初审通过后便可进入外审阶段。稿件与期刊主题不符、稿件创新点不足、稿件重复率偏高等是常见的退稿理由。

9.3.2　外审阶段

（1）专家审稿与编辑决策

期刊一般邀请两位外审专家对稿件进行评审。审稿专家会从主题的研究价值、研究现状、创新性、研究方法、结论的正确性、语言表达及图表的规范性等方面进行评审，并给出具体审稿意见和建议（退稿、大修、小修、接收），反馈至责任编辑。外审过程一般会持续 1 ~ 2 个月，具体时长与审稿人意见反馈速度和期刊稿件处理速度有关。

责任编辑会综合审稿专家们的意见，给出退稿、退修（大修、小修）和录用的意见。一般地，两位审稿人至少有一位给出了退稿，那么论文基本上会被直接退稿；两位审稿人均给了大修，责任编辑会根据具体意见决定是退稿还是大修；两位审稿人一位给大修、一位给小修，责任编辑一般会给大修；两位审稿人均给小修意见，责任编辑会给出大修或者小修；第一次外审结束后，责任编辑一般不会给出直接录用论文的意见。

（2）退稿原因

稿件外审退稿的主要原因有：①**创新点不足**，重复他人工作；②**理论知识不扎实**，有新的发现，但缺乏理论高度；③**描述方法不当**，单纯的定性描述，缺乏定量或理论分析；④**论文结构不清晰**，文字功底不扎实，表述不清，审稿人难以读懂；⑤**论文作图制表不规范**，数据处理方法有误。

许多期刊的录用率仅有20%~30%，因此投递的论文若被退稿也是正常的。需要大家拿出"打持久战"的信心，根据反馈的拒稿原因，认真思考期刊编辑和审稿人提出的各类修改意见，积极修改、完善论文中存在的问题或缺陷，相信终将会被优秀期刊录用。

（3）稿件修改

若论文作者收到了编辑的退修意见，这通常是非常好的消息，关于论文返修的一些说明见表9.2。

表9.2 论文返修的一些说明

编号	名称	说明
1	小修	编辑给出小修意见，经论文作者认真修改后，论文通常能被期刊接收
2	大修	编辑认为论文需要大幅度的修改，经论文作者认真修改后，论文录用的机会很大
3	修改说明	论文作者逐条答复编辑和审稿专家提出的意见和建议，作者回复需要尽量诚恳和细致。论文作者未做修改或观点与审稿专家意见相悖时，需要论文作者给出令人信服的说明
4	论文修稿	根据修改说明，论文作者在原文中对稿件进行相应修改和标注
5	注意事项	一般情况下，期刊编辑会要求论文作者在一定期限内上传修改稿。一旦超过期限，期刊编辑会认为论文作者已放弃修改并对论文做出拒稿的决策。若论文作者不能在规定时间内完成修稿，可提前向编辑说明情况，征得编辑同意才可延期提交修改稿

修改说明一般包含论文总体修改情况、审稿意见的回复等。**值得注意的是，修稿环节对论文是否能被录用起着关键性的作用**。因此，我们应积极面对稿件修改，仔细回复，力争做到编辑和审稿人仅在查看了修改说明的情况下就能明白作者是如何修改的。修改说明案例见图9.12，问题回答时可给出具体修改的内容。

```
尊敬的编辑老师、审稿专家：                    总体回复    [1] 徐宏斌, 李庆林, 陈际经. 基于小波变换的大尺度岩体结构微震监测信号去噪方法研究[J]. 地震学报,
                                                          2012, 34(01):85-96+127.                                           论证文献
    您们好！非常感谢在百忙之中对编号为"2021-0836"的稿件《基于频谱分析和               [2] 胡静云, 张  茹, 任   利, 等. 矿山微震波形特征自动模式识别算法研究[J/OL]. 岩石力学与工程学报:1-
卷积神经网络的岩石声发射信号定位研究》进行了审阅, 并对稿件提出了非常宝                  16[2021-10-19]. https://doi.org/10.13722/j.cnki.jrme.2021.0528.
贵的意见和建议。得益于总编和专家的关心, 使文章的质量能够进一步提升,                      说明：笔者已针对专家和编辑提出的问题进行了详细修改, 对全文语句和参
也使笔者对文章表述的严谨性和准确性有了更深一步的认识。参照评审意见, 笔                  考文献做了全面检查和修改, 并增加和更新了修改中涉及的新引用文献。文中的
者对文中很多内容进行了修正和说明, 并对文章重新审视润色。笔者对文章的准                  结论和主要分析并没有变化。笔者虽然尽了最大的努力, 但仍然难免存在不妥之
确性做了最大的努力, 希望能够弥补原稿中的欠缺。这里就评审专家的意见做出                  处。如有存在, 由衷希望批评指正。笔者已按照意见 18 的要求将修改稿件进行
逐条答复, 如有不当之处, 恳请不吝批评指正。               审稿意见         上传。笔者也由衷地希望文章能够在贵刊上发表, 希望能参考忠笔者的申请, 不
    问题 (1)：引言部分, 针对现有国内外的专家学者对于声发射/微震震源定                  胜感激。                                                  总结回复
位文献综述内容占比较大, 过多地罗列他人的研究成果, 需进一步凝练文章内容
以体现该方法的研究意义、研究价值及其创新性。             问题回复          祝编辑老师、审稿专家工作顺利！
                                                          此致
    回答：非常感谢专家给出的宝贵意见, 笔者再次仔细地阅读了原文, 对引言                  敬礼！
部分的内容进行了修改, 并对参考文献进行了相应的替换。详见稿件标红部分。
                                                                                                         投稿人：×××
    ……                                                                                                ××年××月××日
```

图 9.12　修改说明示例

作者完成修改稿和修改说明后，在投稿系统中上传相应文件，责任编辑会进行审阅。若稿件是小修，责任编辑认为修改后的稿件达到了接收条件，会推送给主编做终审，这种情况很少会退稿。若稿件是大修，责任编辑一般会将修改文件重新送回审稿专家评审。循环上述审稿与返修过程直至论文录用或退稿。综上，论文从投稿到录用可用图 9.13 所示的典型流程图来表示，中间的许多环节都可能退稿，一篇稿件的录用是不容易的。

9.4　论文发表

论文录用至见刊，还有一些后续流程需要走。对于开源期刊，作者需要支付一定的版面费才能发表。作者投稿时所提交的图片分辨率、格式不满足出版要求的，出版社通常会要求作者提供原图或重新制图。因此，作者在投稿时应将稿件材料保存完好，以便后期修改。此外，如果稿件排版不符合期刊要求，出版社会对稿件进行语言润色、图表标准化和重新排版。

排版完成后，编辑会将最终的校验版 word、pdf 或链接发送给作者进行校稿，作者批注或修改后返回给出版社。中文期刊出版社修改后通常会再次返回给作者，作者核对无误后，稿件便可在线和纸刊发表。中文期刊见刊时间受诸多因素影响，例如当期的收稿数量、期刊发行周期等，许多论文录用半年至一年后才能正式发表，当然也可以与编辑沟通加急出版论文。而对于英文期刊，通常只有一次在线校稿机会，网上系统操作起来也比较简单，大家根据帮助文档就能知道如何编辑，在线提交校完的稿件，通常很快便会挂在网上（在线发表），正式发表时间通常会有所延后。目前，国内许多期刊也支持在线发表。

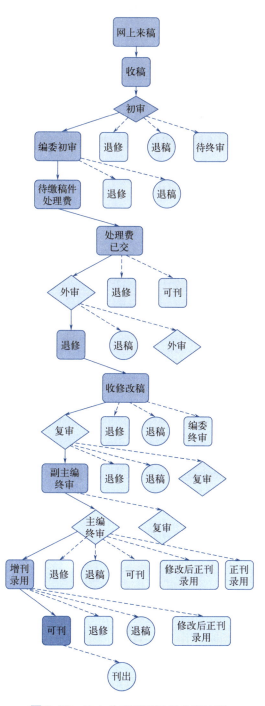

图9.13 论文从投稿到录用典型流程

对于英文期刊，其发表前除了校稿，还会以邮件的形式通知你填写一些表格，例如是否需要购买你所发表的论文纸质文档、图形纸质版是否需要彩色印刷、签订版权转让协议等。英文期刊论文录用后的发表常见流程如图9.14所示，大家根据情况，按流程依次填写即可。

Track Your Accepted Article

The easiest way to check the publication status of your accepted article

Acoustic emission source location on a cylindrical shell structure through grouped sensors based analytical solution and data field theory

Production events

20 Apr 2022	Printed journal shipped to subscribers	ⓘ
23 Mar 2022	The Share Link has been sent to you	ⓘ
23 Mar 2022	Final version of your article published online	ⓘ
19 Mar 2022	Your proof corrections have been returned to Elsevier	
19 Mar 2022	Proofs available for checking	
17 Mar 2022	Rights & Access form completed by you	
17 Mar 2022	Rights & Access form sent to you for completion	
17 Mar 2022	Offprint order form completed by you	
17 Mar 2022	Offprint order letter sent to you for completion	
16 Mar 2022	Received for production	

图9.14　英文期刊论文出版流程的典型示例

> 💡 **思考题**
>
> 1. 简述期刊是如何分类的以及如何查询期刊信息。
> 2. 期刊论文从投稿到发表的流程有哪些？

第10章

学术会议

学术会议是促进科学发展、加强与同行交流合作的重要渠道。参加国内外学术会议能够帮助我们快速了解领域内的研究进展，同时也能培养我们的沟通交流能力，对科学研究选题、研究思路拓展大有裨益。本章将从学术会议论文投稿、学术海报设计、学术会议PPT制作和学术汇报四个方面展开学术会议介绍。

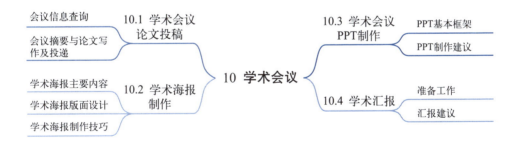

10.1 学术会议论文投稿

学术会议召开前，主办方通常会提前数月公布会议通知。许多学术会议设有会议论文投稿环节，供大家展示最新的研究成果。一些学术会议只需要提交论文摘要，而大多学术会议在摘要通过初审后，还要求提交会议论文正文。提交的论文摘要一般只需要编辑审核，而论文正文则需要经过编辑审核和审稿专家评审。

会议通知里通常会提及会议论文的收录情况，大多数会议论文会被EI数据库收录，少部分会议论文会被SCI收录。对于一些优秀的会议论文，会议主办方还可能建议作者扩充论文研究内容，将其投稿到一些与该会议有合作关系的期刊上。一般地，会议论文的接收率要远高于期刊论文的接收率。

10.1.1 会议信息查询

学术会议相关信息可以前往"中国学术会议在线""中国学术会议网"等网站查询，也可通过相关微信群、朋友圈和公众号等渠道获知。会议通知常会有"一号通知""二号通知"等，会议信息也会越来越详细。完整的会议通知常包含会议主题、主协办单位信息、组委会成员、重要日期、地点、会议议题、学术报告安排、联系方式等信息。例如，第十一届亚洲岩石力学大会通知主要信息如图10.1所示。

```
一、举办单位
（一）主办单位：国际岩石力学与岩石工程学会
二、会议时间            三、会议地点
2021年10月21~25日       北京九华国际会展中心
四、分会场
大会将设置分会场，各分支机构、地方学会及相关单位均可申办分会场，承办方式为联合承办。请
各单位选择合适的议题积极申办，申办表详见附件。请将申办表发送至大会邮箱。申办截止日期为
2021年2月5日。
```

```
五、大会主题                        八、重要日期
岩石力学与工程中的机遇与挑战        2021年01月11日开始提交摘要
会议议题包括但不限于：              2021年03月01日截止提交摘要
1.岩石力学新理论与新方法            2021年04月01日摘要接收通知
2.岩石力学与工程试验技术            2021年06月15日全文投稿截止
3.岩石力学数值分析方法与数值模拟    2021年08月01日全文录用通知
      ⋮                             2021年10月21日技术培训、大会报到
                                    2021年10月22日开幕式、大会特邀报告
17.岩爆与冲击地压                   2021年10月23日分会场学术报告
18.清洁能源开发                     2021年10月24日分会场学术报告、大会特邀报告、闭幕式
19.前沿和交叉学科新领域             2021年10月25日技术参观
```

所有被接收的论文将由英国物理学会(IOP)Conference Series: Earth and Environmental Science负责出版，并提交EI Compendex数据库检索收录（该出版社出版文章历年来均被EI收录）。

图10.1 第十一届亚洲岩石力学大会通知主要信息

10.1.2 会议摘要与论文写作及投递

（1）会议摘要写作

会议摘要的写作方式与期刊论文摘要类似，但字数和研究内容更为简

略。会议摘要投稿时，通常需要提供会议论文题目、作者及摘要等信息，典型案例如图10.2所示。需要提及的是，一些会议要求提供比较详细的摘要，例如实验方法、重要数据、图形和参考文献等。

标题: Microseismic source location using a 3D velocity model: The journey from ray-tracing method to waveform inversion

作者: Xueyi Shang[1,*], Ruixue Miao[1], Yi Wang[2]
[1]State Key Laboratory of Coal Mine Disaster Dynamics and Control, School of Resource and Safety Engineering, Chongqing University, Chongqing, 400044, China
[2]Institute of Geodesy and Geophysics, Chinese Academy of Sciences, Wuhan, 430087, China
shangxueyi@cqu.edu.cn

研究背景及意义: Abstract. Microseismic (MS) source location is an important basic research in a MS monitoring, and it provides the basis for determining the fracture zones and calculating seismic source parameters (e.g., event magnitude and focal mechanism). Up to now, homogeneous, 1D and simple 3D velocity models have been adopted in a MS source location. However, there is usually a strong velocity heterogeneity in a mine due to engineering geology, 3D geostress and excavation.

研究方法: In this paper, we took advantage of a travel time tomography based high resolution 3D velocity model, and then we applied shooting method based 3D ray-tracing, 3D Gaussian beam based reverse time method, and waveform inversion to a MS source location. In which a semiautomatic waveform cut method based on the cross-correlation (CC) technique (WCC) was developed for a quick, robust and precise determination of the direct P-phase relative delay times, and spectral element method (SEM) wavefield modelling, multi-scale grid (coarse grid + fine grid) 3D waveform inversion and L-BGFS iterative method have been applied in the waveform inversion.

研究结果与结论: Our results showed that the commonly used ray-tracing method may be affected multi-ray path effects, waveform focusing and defocusing in wavefield propagation, while the Gaussian beam has a frequency-dependent width, and the waveform inversion has a more broad frequency width, which can effectively overcome the ray-tracing problems. The source-time function based on the fractional-order Gaussian function wavelet can better fit complex recording waveforms compared with the conventional Ricker wavelet-based source-time function. The average location error of eight blasting events for the 3D ray-tracing, Gaussian beam and waveform inversion based methods are 26.2m, 17.0m and 17.6m respectively, which are smaller than previously homogenous velocity model based researches on these eight events (average location error>40 m).

展望: In conclusion, the high resolution 3D velocity model based location methods can provide a good way to improve MS source location accuracy and show a broad application prospect.

图10.2 会议摘要案例

（2）会议论文写作

会议论文的基本结构与期刊论文相似，包含引言、材料与方法、结果和讨论等，但会议论文各部分的篇幅相对较短，避免讨论过多细节，应将重点放在研究成果上。此外，会议论文还应该遵循会议组织者制定的格式规范。

（3）会议摘要和论文投递

会议摘要和论文通常采用线上方式投递。通过大会官网进入投递入口，按项依次填写相关信息，提交摘要及会议论文全文即可，例如第十一届亚洲岩石力学大会投稿界面如图10.3所示。一些会议可选择参加的分会场名称以及是否申请作报告，选择合适的分会场有利于同行交流。

图10.3　会议摘要和全文投递首页

10.2　学术海报制作

海报作为一种宣传方式，在戏剧、电影等宣传方面应用广泛，**其同时是宣传科研成果、吸引同行和促进学术交流的重要媒介**。学术海报在制作方面，一般没有具体的限制，但需要具有良好的观赏性、可读性以及专业性等。接下来讲述如何制作学术海报。

10.2.1　学术海报主要内容

学术海报不是照搬科技论文所有内容，而是需要对论文内容进行精简和提炼，保证**在有限的篇幅下充分表达研究的核心思想和主要内容**。一般来说，学术海报需要包含论文的标题、作者、摘要、研究背景、实验方法、结果、结论和参考文献等信息（图10.4）。在学术海报的实际制作过程中，可以根据论文内容的重要性和页面布局等，对学术海报版面进行调整。在提取核心内容时，使用思维导图软件（Xmind、亿图等）可以帮助大家快速梳理主要内容。

10.2.2　学术海报版面设计

在提炼核心内容后，并不意味着只需按照科技论文的模板排版即可完成学术海报的制作。学术海报的样式多种多样，大家可以多搜集些优美的学术海报，在制作学术海报时可以结合核心内容设计一个草图，并对草图布局进行调整，避免后期大调版面，从而起到事半功倍的效果。一个简单的学术海报草图案例如图10.5所示。

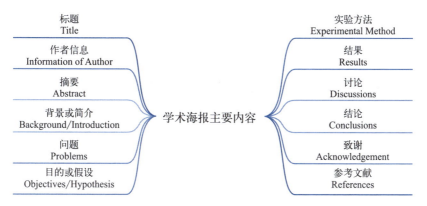

图10.4 学术海报组成

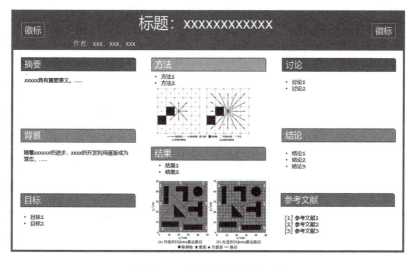

图10.5 学术海报草图示例

10.2.3 学术海报制作技巧

学术海报可使用PPT、Adobe Illustrator、Adobe Photoshop等制作，制作应力争**布局合理、内容精简、图文并茂、搭配合理、打印清晰**，具体说明如下。

布局合理：如果海报为横向版面，则可以分成3到4栏；纵向版面一般分成2栏。同时，海报各章节的分布应当能够明显区分。

内容精简：海报应对研究内容进行精简和提炼，让读者在有限的篇幅了解到研究的核心思想和成果。

图文并茂：学术海报应该尽量多用图表，少用文字。
搭配合理：海报颜色不宜过多，字体、字号要适宜，搭配要合理。
打印清晰：海报的打印效果需要清晰，<u>让人在1米处能看清为宜</u>。

10.3 学术会议PPT制作

在学术会议汇报时，一份优秀的学术PPT可以让研究意义及内容，以清晰的形式呈现在听众面前，实现良好的交流。一份好的PPT应力求同行在不与你进行交流的情况下，仍能理解你的主要思想。然而一份优秀的PPT制作并不容易，接下来介绍学术PPT制作的一些技巧。

10.3.1 PPT基本框架

<u>学术PPT应具备逻辑性强、专业度高和风格稳重等特点</u>。学术PPT的构成应包括封面、背景与现状、存在问题与假设、研究方法、研究结果、结论与展望等。建议在每一部分讲解时插入过渡的目录页，以帮助听者更好地跟随汇报内容，并对汇报进度有个大致的了解。图10.6展示了一个典型的过渡页。

图10.6 学术PPT过渡的目录页示例

以一个10min时长的汇报为例，PPT第1页为封面，接下来可以用2～3页介绍研究背景与研究现状，说明该研究的重要性；再用1～2页解释该领域的相关理论或概念，并引出自己的研究；中间用3～5页的篇幅介绍研究的主体内容，可以先介绍研究方法，然后阐述研究结果；结尾部分可用1页对该研究进行总结。具体的页数和顺序可以根据研究工作量和汇报时长进行调整。

10.3.2 PPT制作建议

PPT通用比例为16∶9和4∶3两种（图10.7）。随着时代的发展，16∶9

的PPT因更适合视觉效果，逐渐成为主流。因此，学术会议无特别要求时，**尽量选用16∶9的PPT页面**。其次，PPT的页数控制应充分考虑会议要求的汇报时长，正文每页PPT的汇报时间通常控制在1min。学术PPT对文本和图表的基本要求见表10.1。

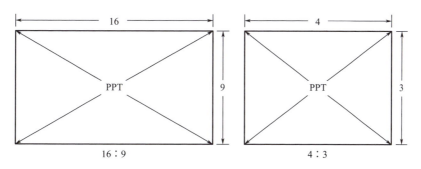

图10.7　PPT页面不同比例对比

表10.1　学术PPT文本图表基本要求

名称	要求
文本	表达规范，用词严谨，确保文本没有错别字； 语句精练，避免句子冗长难以理解； 建议主要字体24号，尽量不小于20号，层级分明
图表	检查图表的标题、坐标、图例、单位是否有误； 确保图像清晰且与文本对应、符号统一； 他人的图表一定要加上引用

（1）字体选择合理

为了让学术PPT更易于阅读和理解，字体的选择非常重要。一般而言，PPT中不应使用过于花哨的字体，以免让观众感到眼花缭乱。**对于中文，常使用"楷体"和"微软雅黑"两种字体；对于西文字符（包括阿拉伯数字），则常使用"Times New Roman"和"Arial"两种字体**。在字体的选择上，最好不要超过两种中文字体。不同字体效果对比见图10.8。

图10.8　不同字体效果对比

（2）配色简洁

学术PPT的配色应尽量简洁，避免使用过多颜色，造成视觉效果混乱或奇异。可以使用对比度高的配色以确保文字的可见度，例如白色背景配上黑色文字或其他深色文字等，典型案例如图10.6所示。PPT配色是一门学问，可多参考他人的PPT和前往一些配色网站寻找配色灵感，例如配色网页https://coolors.co（图10.9）。

图10.9　配色网站coolors.co首页

（3）信息可视化

PPT制作时切忌大篇幅的文字，不仅费时，听者理解起来也很困难。此时，可采用将研究内容分条展示、转换成图表等方式，使信息的呈现更加直观。例如，图10.10展示了地震波在非均匀速度模型中的传播，可以清晰地看到受速度非均匀性影响，地震波的传播并非直线。

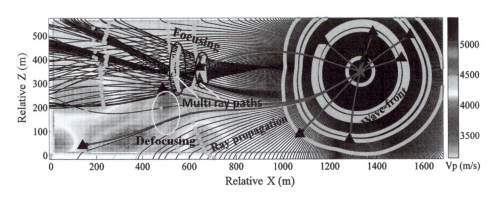

图10.10　数据可视化示例

（4）动画简约

动画能使复杂的方法变简单，同时增强报告的趣味性。然而学术汇报PPT应该尽量避免使用长时动画，以免过多占用其他部分的汇报时间。同时，汇报前一定要确认动画在汇报的电脑上能正常播放，并建议讲解的内容与动画同步。

（5）排版美观

PPT排版是一门艺术，需要良好的审美以及不断调整PPT细节。文本与图表等内容的对齐和留白是排版基本要求，并非页面越满越好。图10.11是一页申报国家自然科学奖的PPT，其以简约风格展示了创新点、研究方法以及实现过程，并配以图形说明，清晰直观。

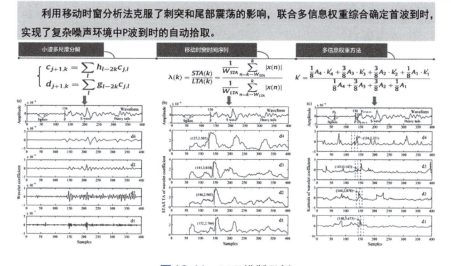

图10.11　PPT排版示例

10.4　学术汇报

学术汇报类型多样，不同类型的汇报时长也有差异，通常特邀报告时长在20～30分钟，常规学术报告时长在10～20分钟，快速演讲时长在3分钟。

10.4.1　准备工作

学术汇报主要是通过讲述PPT的方式来呈现，因此PPT的好坏会直接影响汇报的效果。当然即便已经制作了一份十分优秀的PPT，也不代表汇报效果就会很好。要想在展示的时候取得良好效果，汇报者需要对汇报的内容十分熟悉，并建议在正式汇报前进行反复练习。

练习时可以录音，如果有尴尬或模糊的措辞，需要修改打磨，保证语句的连续流畅。同时，还需注意汇报的时间限制。此外，可以邀请朋友模拟听众，提供反馈和建议，进一步改善汇报效果。

最后，为防止电脑故障等情况，建议正式汇报前用U盘备份PPT及其对应的PDF。条件允许的情况下，可以提前到汇报地点进行试讲，并检查PPT格式是否正常、动画能否播放。

10.4.2 汇报建议

要做好一次学术汇报，需要的是内容、汇报者以及PPT三者的完美配合（图10.12），其中好的内容最为重要，只有真正优质的内容才能激发听众的兴趣。当然，汇报者的临场表现与PPT的质量也很重要，能帮助汇报者更好地展示研究成果。

汇报者需要掌握一定的技巧，同时展现出自信，这样更能给听众留下好的印象。做到声音洪亮、吐字清楚，在重要的地方可以适当提高声调，减慢语速，给听众一定的时间去思考和理解。需要注意的是，学术汇报不是演讲，其解说词更为紧凑、拓展性较低，动作不宜过大。

此外，汇报结束后一般会有一个提问交流的环节，这个部分可以事先准备一些常规问题。在回答问题时应当听清提问，并以友好的态度，沉着冷静地回答提问。对于他人的意见和建议，虚心接受；不懂的地方或潜在的合作，双方可以会后进一步探讨。

图10.12　学术汇报三要素

> **思考题**
> 1. 完整的学术会议信息通常包含哪些部分？
> 2. 学术海报的版面设计和制作技巧有哪些？
> 3. 谈谈你对如何做好学术PPT和学术汇报的认识。

电子版附录

附录1　科技论文写作相关链接
附录2　科技论文阅读示例
附录3　英文期刊论文投稿示例
附录4　英文期刊投稿生成文件示例
附录5　英文期刊修改稿生成文件示例
附录6　本书四色图汇总
附录7　本书相关课件和视频等

本书配套数字资源

参考文献

[1] Wang Y, Shang X, Peng K. Locating mine microseismic events in a 3D velocity model through the gaussian beam reverse-time migration technique[J]. Sensors, 2020, 20 (9) : 2676.

[2] Fan J Y, Liu W, Jiang D Y, et al. Time interval effect in triaxial discontinuous cyclic compression tests and simulations for the residual stress in rock salt[J]. Rock Mechanics and Rock Engineering, 2020, 53 (9) : 4061-4076.

[3] 全国信息与文献标准化技术委员会.信息与文献 参考文献著录规则 : GB/T 7714—2015[S]. 北京 : 中国标准出版社, 2015.

[4] Li X B, Shang X Y, Antonio M E, et al. Identifying P phase arrival of weak events : the Akaike Information Criterion picking application based on the Empirical Mode Decomposition[J]. Computers & Geosciences, 2017, 100 : 57-66.

[5] Peng K, Guo H Y, Shang X Y. Microseismic source location based on the Log-Cosh function and distant sensor removed P-wave arrival data[J]. Journal of Central South University, 2022, 29 (2) : 712-725.

[6] Shang X Y, Li X B, Antonio M E, et al. Data field-based K-means clustering for spatio-temporal seismicity analysis and hazard assessment[J]. Remote Sensing, 2018, 10 (3) : 461.

[7] Shang X Y, Miao R X, Wang Y. Microseismic source location using a 3D velocity model : From the ray tracing method to waveform inversion[J]. IOP Conference Series : Earth and Environmental Science, 2021, 861 (4) : 042025.

[8] Shi X L, Liu W, Chen J, et al. Softening model for failure analysis of insoluble interlayers during salt cavern leaching for natural gas storage[J]. Acta Geotechnica : An International Journal for Geoengineering, 2018, 13 (4) : 801-816.

[9] Xu W H, Xu H, Chen J, et al. Combining numerical simulation and deep learning for landslide displacement prediction : an attempt to expand the deep learning dataset[J]. Sustainability, 2022, 14 (11) : 6908.

[10] Zhang X T, Hu S Y, Hao Y X, et al. Effect of coal fine retention on the permeability of hydraulic propped fracture[J]. Rock Mechanics and Rock Engineering, 2022, 55 (10) : 6001-6014.

[11] Zhang Y J, Du C Y, Feng G R, et al. Study on the law of subsidence of overburden strata above the longwall gob[J]. Geofluids, 2022, 2022 : 6321031.

[12] 陈结, 陈紫阳, 蒲源源. 基于频谱分析和卷积神经网络的岩石声发射信号定位研究[J]. 岩石力学与工程学报, 2022, 41 (S2) : 3271-3281.

[13] 陈结, 杜俊生, 蒲源源, 等. 冲击地压"双驱动"智能预警架构与工程应用[J]. 煤炭学报, 2022, 47 (2) : 791-806.

[14] 陈结, 潘孝康, 姜德义, 等. 三轴应力下软煤和硬煤对不同气体的吸附变形特性[J]. 煤炭学报, 2018, 43 (B06) : 149-157.

[15] 冯国瑞, 朱卫兵, 白锦文, 等. 浅埋近距离煤层开采超前煤柱群冲击失稳机制[J]. 煤炭学报, 2023, 48 (01) : 114-125.

[16] 尚雪义, 陈勇, 陈结, 等. 基于Adaboost_LSTM预测的矿山微震信号降噪方法及应用[J/OL]. 煤炭学报, 2024.10.13225/j.cnki.jccs.2023.1228.

[17] 康燕飞, 陈结, 姜德义, 等. 含杂质盐岩微裂纹细观愈合特征及发生机理[J]. 岩土力学, 2020, 41 (S2) : 1-10.

[18] 李林, 陈军朝, 姜德义, 等. 灰分对煤自燃特性影响的实验研究[J]. 重庆大学学报, 2017, 40 (4) : 85-92.

[19] 尚雪义, 李夕兵, 彭康, 等. 基于EMD_SVD的矿山微震与爆破信号特征提取及分类方法[J]. 岩土工程学报, 2016, 38 (10) : 1849-1858.

[20] 陈结, 潘孝康, 姜德义, 等. 考虑气体压力的三轴煤与瓦斯突出模拟实验[J]. 采矿与安全工程学报, 2019, 36 (04) : 841-847.

[21] Shang X, Tkalčić H. Point-source inversion of small and moderate earthquakes from P-wave polarities and P/S amplitude ratios within a hierarchical bayesian framework : implications for the geysers earthquakes[J]. Journal of Geophysical Research : Solid Earth, 2020, 125 (2) : e2019JB018492.

[22] 康燕飞, 陈结, 姜德义, 等. 盐岩损伤自愈合特性研究综述[J]. 岩土力学, 2019, 40 (01) : 55-69.